安徽省高等学校"十二五"省级规划教材

高等学校规划教材·计算机专业系列

C/C++规范设计 简明教程

——思维训练、上机实验指导

（第2版）

李　祎◎编著

U0241133

北京师范大学出版集团
BEIJING NORMAL UNIVERSITY PUBLISHING GROUP
安徽大学出版社

图书在版编目(CIP)数据

C/C++规范设计简明教程:思维训练、上机实验指导/李祎编著.—2版.—合肥:安徽大学出版社,2019.7

高等学校规划教材·计算机专业系列

ISBN 978-7-5664-1836-4

Ⅰ.①C… Ⅱ.①李… Ⅲ.①C语言—程序设计—高等学校—教材 Ⅳ.①TP312.8

中国版本图书馆 CIP 数据核字(2019)第 097634 号

C/C++规范设计简明教程——思维训练、上机实验指导(第2版)

C/C++ GUIFAN SHEJI JIANMING JIAOCHENG—SIWEI XUNLIAN、SHANGJI SHIYAN ZHIDAO

李 祎 编著

出版发行:北京师范大学出版集团
安 徽 大 学 出 版 社
(安徽省合肥市肥西路 3 号 邮编 230039)
www. bnupg. com. cn
www. ahupress. com. cn

印　　刷:安徽省人民印刷有限公司
经　　销:全国新华书店
开　　本:184mm×260mm
印　　张:19.75
字　　数:474 千字
版　　次:2019 年 7 月第 2 版
印　　次:2019 年 7 月第 1 次印刷
定　　价:57.00 元
ISBN 978-7-5664-1836-4

策划编辑:刘中飞　宋　夏　　　　　　　　装帧设计:李　军
责任编辑:张明举　宋　夏　　　　　　　　美术编辑:李　军
责任印制:赵明炎

学而不思则罔,思而不学则殆,学思不行则废,基于这一思想,本课程采用"学思行"三位一体的教学模式,本手册提供"思行"练习依据。

"思"指思维训练,这是一个重要的教学环节,是"学——理论教学"和"行——上机实验"联系的桥梁和缓冲。本教学环节通过精心设计不同题型的练习,不仅巩固和加深课堂理论教学,同时提供了一个以学生为主的师生双向交流平台,学生可利用此平台充分表达观点、展示思路、提出疑问。思维训练主要包括以下三个部分:

(1)自测部分

这个部分需学生个人独立完成。练习题型主要包括与教材相关度较高的简答题、选择题、判断题、画图题、改错题和同型题。自测练习是度量学生掌握基础知识的必要手段。

(2)答辩部分

这个部分需学生以小组为单位合作完成。练习题主要包括理论教学衍生出来的变式题,通过多角度观察并解决问题,从而真正掌握基础概念、规则,培养学生扎实的编程能力。

答辩部分教学,是学生经过自我思索、合作交流后并用语言表达出来,是实现知识重构的强有力手段,同时合作学习的方式能够更加有效地促进问题的解决和团队凝聚力的提升。

(3)提高部分

这个部分供学有余力的学生主动自我学习。练习题主要包括一些难度较高的题目或综合性的题目,考查学生全面应用知识和深度思考问题的能力。

"行"指上机实验,实验题目与教学内容相对应,并形成梯度。本教材以面向过程、面向对象的编程思想为指导,围绕"学生成绩管理系统"的构建,不断代入新的环境,反复锤炼,做到代码复用,让学生更深刻地体会编程过程。

本书中有很多标"＊"和引用理论教材内容的地方。其中"＊"处表明对应内容是面向过程和面向对象的最基本、最核心的知识点。而许多引用教材的说法,如"根据教材中例5.7"中的"教材"如无特别说明,均代表理论教材中对应的内容。

为了不限制学生思维,本书不提供答案,如需验证结果,可访问 http://hfxyliyi.ys168.com 下载各章节参考答案。

合肥学院　李　祎
2019 年 5 月

Contents

答辩要求与答辩示例 ………………………………………………………… 1

实验要求与实验示例 ………………………………………………………… 2

第1章　模型与模块 ……………………………………………………… 10

1.1　目标与要求 ……………………………………………………………… 10

1.2　解释与扩展 ……………………………………………………………… 10

1.3　思维训练题——自测练习 ……………………………………………… 12

1.4　思维训练题——答辩练习 ……………………………………………… 17

1.5　思维训练题——阅读提高 ……………………………………………… 19

1.6　上机实验 ………………………………………………………………… 19

第2章　调试技术 ………………………………………………………… 22

2.1　目标与要求 ……………………………………………………………… 22

2.2　解释与扩展 ……………………………………………………………… 22

2.3　思维训练题——自测练习 ……………………………………………… 24

2.4　思维训练题——答辩练习 ……………………………………………… 29

2.5　思维训练题——阅读提高 ……………………………………………… 30

2.6　上机实验 ………………………………………………………………… 30

第3章　基本数据类型 …………………………………………………… 32

3.1　目标与要求 ……………………………………………………………… 32

3.2　解释与扩展 ……………………………………………………………… 32

3.3　思维训练题——自测练习 ……………………………………………… 38

3.4　思维训练题——答辩练习 ……………………………………………… 41

3.5　思维训练题——阅读提高 ……………………………………………… 42

3.6　上机实验 ………………………………………………………………… 44

第4章 高级数据类型 ·· 46

4.1 目标与要求 ·· 46

4.2 解释与扩展 ·· 46

4.3 思维训练题——自测练习 ·· 47

4.4 思维训练题——答辩练习 ·· 51

4.5 思维训练题——阅读提高 ·· 54

4.6 上机实验 ·· 54

第5章 结构编程之顺序与选择 ·· 57

5.1 目标与要求 ·· 57

5.2 解释与扩展 ·· 57

5.3 思维训练题——自测练习 ·· 63

5.4 思维训练题——答辩练习 ·· 67

5.5 思维训练题——阅读提高 ·· 68

5.6 上机实验 ·· 69

第6章 结构编程之循环 ·· 70

6.1 目标与要求 ·· 70

6.2 解释与扩展 ·· 70

6.3 思维训练题——自测练习 ·· 86

6.4 思维训练题——答辩练习 ·· 92

6.5 思维训练题——阅读提高 ·· 96

6.6 上机实验 ·· 100

第7章 数　组 ··· 102

7.1 目标与要求 ·· 102

7.2 解释与扩展 ·· 102

7.3 思维训练题——自测练习 ·· 120

7.4 思维训练题——答辩练习 ·· 123

7.5 思维训练题——阅读提高 ·· 127

7.6 上机实验 ·· 135

第 8 章　字符串 ··· 137

8.1　目标与要求 ··· 137

8.2　解释与扩展 ··· 137

8.3　思维训练题——自测练习 ··· 138

8.4　思维训练题——答辩练习 ··· 146

8.5　思维训练题——阅读提高 ··· 147

8.6　上机实验 ··· 162

第 9 章　结构体 ··· 165

9.1　目标与要求 ··· 165

9.2　解释与扩展 ··· 165

9.3　思维训练题——自测练习 ··· 169

9.4　思维训练题——答辩练习 ··· 173

9.5　思维训练题——阅读提高 ··· 175

9.6　上机实验 ··· 178

第 10 章　文件操作 ··· 180

10.1　目标与要求 ··· 180

10.2　解释与扩展 ··· 180

10.3　思维训练题——自测练习 ··· 192

10.4　思维训练题——答辩练习 ··· 196

10.5　思维训练题——阅读提高 ··· 198

10.6　上机实验 ··· 200

第 11 章　类和对象 ··· 202

11.1　目标与要求 ··· 202

11.2　解释与扩展 ··· 202

11.3　思维训练题——自测练习 ··· 208

11.4　思维训练题——答辩练习 ··· 214

11.5　思维训练题——阅读提高 ··· 215

11.6　上机实验 ··· 218

第 12 章　继　承 ·· 220

　12.1　目标与要求 ··· 220

　12.2　解释与扩展 ··· 220

　12.3　思维训练题——自测练习 ······························· 245

　12.4　思维训练题——答辩练习 ······························· 248

　12.5　思维训练题——阅读提高 ······························· 248

　12.6　上机实验 ··· 249

第 13 章　多态转型 ·· 252

　13.1　目标与要求 ··· 252

　13.2　解释与扩展 ··· 252

　13.3　思维训练题——自测练习 ······························· 256

　13.4　思维训练题——答辩练习 ······························· 259

　13.5　思维训练题——阅读提高 ······························· 260

　13.6　上机实验 ··· 261

单元总结与自检测试 ·· 263

　单元 1　模型模块、数据类型总结与自检测试 ············· 263

　单元 2　结构编程总结与自检测试 ·························· 269

　单元 3　构造类型总结与自检测试 ·························· 279

　单元 4　封装、继承、多态总结与自检测试 ··············· 287

课程结束总结与模拟考核 ··· 294

课程项目设计 ·· 303

答辩要求与答辩示例

◆ 答辩要求

（1）答辩小组

根据班级人数成立答辩小组，每组 3～6 人。

（2）答辩思路

答辩以模块分析为核心，遵循模块设计的基本步骤：模块功能、输入输出、解决思路、算法步骤、模块代码。

（3）强调合作

答辩小组答辩前先做好分工，每位同学在对整体结构认识的基础上，各有分工，都要有表达机会。如有的同学重点在模块分析，有的同学重点在代码描述，有的同学重点在演示程序，有的同学重点在模型设计等。

◆ 答辩示例

答辩题目：编写模块，根据长方形的长和宽（均为整数），返回长方形的面积。

模块设计（本题只要求编写自定义模块，所以不从主模块开始分析）：

①模块功能：求长方形的面积。

②输入输出：

形式：int getArea(int length, int width)

归属：int

③解决思路：根据长方形的面积计算公式进行求解，面积＝长×宽。

④算法步骤：首先计算面积，然后返回面积。

⑤模块代码：

```
int getArea(int length, int width)
{
    return length * width;
}
```

实验要求与实验示例

◈ 纸质实验要求

（1）实验前准备

实验前要求：实验题目、概要分析、模型设计、模块设计、程序代码、数据预测。

实验题目：本书里给定的题目。

概要分析：①要解决的问题是什么，解决这个问题的关键是什么；②采用什么方案，是单文档还是多文档；③写出程序实现所需要建立的各文件，并指出文件之间的关系；④程序使用何种数据类型。

模型设计：按教材要求绘制模型结构图，清楚表达文件结构、模块结构。

模块设计：要求至少给出一到两个核心模块的设计，每个模块包括：模块功能、模块参数、解决思路、算法步骤。

程序代码：按模型设计中设计的模块撰写代码。

数据预测：给出实验数据，并预测结果。

（2）实验中调试

实验中要求：记录出错并改正、调试步骤方法。

（3）实验后总结

实验后要求：实验总结、实验思考、实验自评。

实验总结：总结要真实地反映实验过程的心得。

实验思考：本书后面的思考题，要给出答案或者解决的思路。

实验自评：①项目完整；②版面整洁；③设计合理；④调试翔实；⑤总结深刻。

◈ 纸质实验示例

实验一　模型模块

［实验题目］

采用多文档模型结构实现如下要求：输入 2 个整数，编程计算这 2 个数中较大数的平方。

［概要分析］

本程序要实现一个简单数运算的问题，求两个整数的较大数只需要用一个判断即可完成，得到较大值之后再求平方值。

本程序采用多文档多模块模型结构，建立的主模块所在的文件名为 TwoMaxSquareMain. cpp；自定义模块是针对简单整数的运算，所以起名为 Int，自定义模块所在的文件名为 Int. cpp，而相应的声明文件是 Int. cpp，主模块与自定义模块之间的关系是依赖的关系，主模块要依赖自定义模块来实现。

[模型设计]

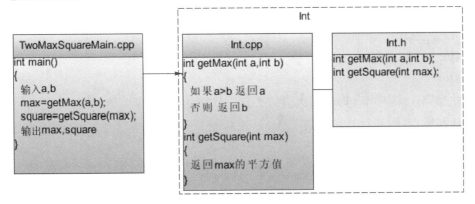

[模块设计]

文件 TwoMaxSquareMain. cpp

主模块 main

①模块功能:这是主模块,要求两个整数中较大数的平方。

②输入输出:系统模块,暂不考虑模块级别的输入输出,输入输出在内部完成。

形式:int main()

归属:TwoMaxSquareMain

③解决思路:先求出 max,再根据 max 求出 square。

④算法步骤:

第一步:输入两个整数 a,b。

第二步:通过自定义模块 getMax(a,b),求出较大数赋给 max。

第三步:通过自定义模块 getSquare(max),求出平方值赋给 square。

第四步:输出 square。

文件 Int. cpp

自定义模块 getMax

①模块功能:求两个整数的较大值。

②输入输出:

形式:int getMax(int a,int b)

归属:int

③解决思路:比较 a 与 b,得到较大值。

④算法步骤:如果 $a>b$,返回 a;否则,返回 b。

自定义模块 getSquare

①模块功能:求一个整数的平方值。

②输入输出：

形式：int getSquare(int max)

归属：Int

③解决思路：max * max 即为较大值的平方。

④算法步骤：返回 max * max。

[**程序代码**]

```
/1 *********************************************************
filename:F:\c++\chapt1\TwoMaxSquareProj\TwoMaxSquareMain.cpp
author:李祎

 *********************************************************/
int main ()
{
    int a,b,max,square;
    cin>>a>>b;
    max=getMax(a,b);
    square=getSquare(max);
    cout<<"较大值的平方是"<<square;
    return 0;
}
```

现象： error C2065: 'cout' : undeclared identifier
原因： 没有声明的标识符cout
改正： 模块前面加上声明，见#include <iostream.h>

现象： error C2065: 'getMax' : undeclared identifier
原因： 没有声明的标识符'getMax',
模块前面加上声明
改正： #include "Int.h"

```
/2 *********************************************************
filename:F:\c++\chapt1\TwoMaxSquareProj\Int.cpp
author:李祎

 *********************************************************/
int getMax( int a, int b)
{
    if(a>b) return a;
    else return b;
}
int getSquare (int max)
{
    return max * max;
}
```

```
/3 *********************************************************
    filename:F:\c++\chapt1\TwoMaxSquareProj\Int.h
    author:李祎

 *********************************************************/
int getMax( int a,int b);
int getSquare(int max);
```

[数据预测]

输入 3 5

结果:较大值的平方是 25

输入－3－5

结果:较大值的平方是 9

[实验调试]

出错信息、原因及改正代码见程序代码右边。

[实验总结]

通过本次实验,既饱尝了编程的辛苦,也体会了编程的乐趣。经过反复地调试,程序终于运行成功。

我的体会是:文件名和变量名的命名太重要了,如果没有事先做好规划,输入这些标识符的时候很容易出现错误。首先,不管是文件名、模块名、变量名都要用英文单词来表达;其次文件名首字母都是大写,模块名和变量名的首字母不用大写,其他一样。

对于出现的错误,不要慌张,找到一个 ERROR,阅读并分析错误原因,双击之后就能到错误所在行,再针对错误进行修改,直到运行成功。

我的信心在逐渐增加,虽然,我知道原来没有怎么学习过编程,但又有几个人原来学过呢? 学习没有不辛苦的,我们应该把这种辛苦当作一种机会,相信我行,肯定能行。

[实验思考]

①按"Ctrl＋F5"相当于同时执行了哪几步?

答:编译＋连接＋运行。

②模块或文件的命名规范是什么?

答:模块名首先要有意义,其次要用动词或动词词组表示,首字母小写,其余单词开头大写。同样,文件名首先要有意义,其次要用名词或名词词组表示,首字母大写,其余单词开头大写。

[自我评价]

①项目完整------A

②版面整洁------A

③设计合理------A

④调试细致------A

⑤总结深刻------A

◆■基于合作方式的电子实验报告

实验报告可采用"小组合作＋个人任务"的电子方式,这样安排,既可减少学生的书写负担,同时又突出设计与合作。

[报告栏目]

实验题目:来源于"上机实验部分"。

模型设计:专业软件绘制结构清晰的模型图。

分工安排:根据模型图,确定小组中个人的工作内容(具体到各模块)。

共享资料:确定实验共享资料,包括共享位置、共享文档、共享代码。

模块描述:负责模块功能、输入输出、设计思路、算法步骤、模块代码。

预测结果:根据事先给定的数据,预测可能产生的结果。

实验调试:明确错误及其产生的原因,并改正。

总结思考:总结分析,并完成思考练习题。

[关于共享资料]

小组共享提供了一个交流的平台,这是合作编程能力培养的前提,同时为个人电子报告的撰写提供了便利。但必须明确本课程的所有课内实验,个人分工外的模块务必全部掌握(4个步骤),模块代码也需个人亲自编写。个人报告可综合小组共享中提供的内容进行编写。

[上传文档代码结构与格式]

以第8小组做第1章实验为例说明上传结构与文档格式

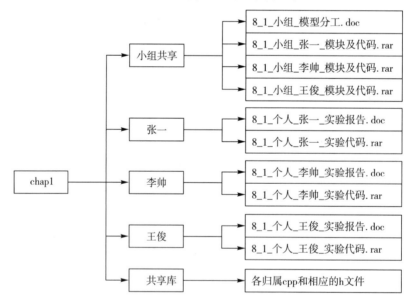

[实验考核]

考核标准:达到下述标准为合格,否则为不合格。

①准备充分,按规定格式要求上传资料。

②个人报告栏目完整。

③实验过程认真。

④实验结果现场验收,接受教师提问并正确回答。

◆**基于合作方式的电子实验报告示例**

第 1 章　模型与模块

作者:张一

[实验题目]

采用多文档模型结构实现如下要求:输入 2 个整数,编程计算这 2 个数的最大数,并求其立方值。

特别注意:第 1 章真正的实验题目是输入 2 个小数,求它们最大值的立方值,故实验报告的实验代码需要调整。

[概要分析]

略。

[模型设计]

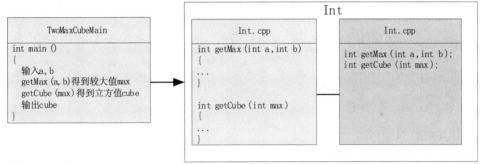

[模块设计]

人物	角色 ⚠	提供	时间
张一	负责制作主模块 main,其中包括 main 模块设计过程及代码	提供 8-1-小组—张一.doc	2019.3.13 下午 3 点前提供
李帅	负责制作自定义模块 getMax,其中包括 getMax 模块设计过程及代码	提供 8-1-小组—李帅.doc	2019.3.13 下午 3 点前提供
王俊	负责制作自定义模块 getCube,其中包括 setCube 模块设计过程及代码	提供 8-1-小组—王俊.doc	2019.3.13 下午 3 点前提供

[程序代码]

1. TwoMaxCubeMain.cpp 文件

主模块 main

①模块功能:求两个整数的较大数,以及较大数的立方。

②输入输出:系统模块,暂不考虑模块级别的输入输出,输入输出在内部完成。

形式:int main( )

归属:TwoMaxCubeMain

③解决思路:

输入两个整数,先求出较大数,再根据较大数求其立方值。例如:输入两个数分别是3,4,先得到4,然后再计算4的立方值为64。

④算法步骤:

第一步,输入两个整数 a,b;

第二步,max=getMax(a,b);

第三步,square=getCube(max);

第四步,输出 max 和 cube。

⑤模块代码:

```
int main()
{
    int a,b,max,cube;
    cin>>a>>b;
    max=getMax(a,b);
    square=getCube(max);
    cout<<"最大值是"<<max;
    cout<<"最大值的立方是"<<cube;
    return 0;
}
```

2. Int. cpp 文件

自定义模块 getMax

①模块功能:求两个整数的较大值。

②输入输出:

形式:int getMax(int a,int b)

归属:Int

③解决思路:比较 a 与 b,得到较大值,如 $a=3$;$b=4$,则应该返回 b 的值4。

④算法步骤:若 $a>b$,则返回 a;否则,返回 b。

⑤模块代码:

```
int getMax(int a,int b)
{
    if(a>b) return a;
    else return b;
}
```

自定义模块 getCube

①模块功能:求一个整数的立方值。

②输入输出:

形式:int getCube(int max)

归属:Int

③解决思路:直接 max * max * max 得到结果,如 max=5,结果是 125。

④算法步骤:先计算 max * max * max,然后再返回结果。

⑤模块代码:

```
int getCube(int max)
{
    return max * max * max;
}
```

3. Int. h 文件

```
int getMax(int a,int b);

int getCube(int max);
```

[**数据预测**]

程序运行后,输入:3 5,结果应该是 125。

程序运行后,输入:3 10,结果应该是 1000。

[**实验调试**]

问题编号	出错信息	改正办法
1		
2		
3		

[**总结思考**]

①总结部分

②思考部分

模型与模块

1.1 目标与要求

➢ 了解计算机语言的发展。

➢ 了解面向过程和面向对象的本质区别。

➢ 初步掌握模块化设计思想。

➢ 初步掌握模块的组织形式,即模型结构。

➢ 初步掌握简单函数的调用规则。

➢ 初步了解 VC 开发环境。

1.2 解释与扩展

1. 程序世界的世界观、方法论、表达建模、语法规则

(1)世界观

①科学的极致是哲学。

"艺术的极致是科学,科学的极致是哲学",此话不无道理,牛顿、爱因斯坦等科学界泰斗,晚年都不约而同地转向哲学研究。

②世界观是哲学的根本。

马克思曾说过:"世界观是人们对世界的总的最根本的看法。任何哲学问题的探讨,归其出发点和本源,都是世界观的问题。什么样的世界观决定了什么样的哲学观点"。

古往今来,有许多截然不同的世界观,例如,唯物主义与唯心主义、形而上学与辩证法、可知论与不可知论等。

③程序世界的世界观。

程序世界的世界观包括过程观和对象观。

不论是过程观还是对象观,都承认一点,那就是程序世界在本质上只有两种东西——数据和逻辑。数据天性喜静,构成了程序世界的本体和状态;逻辑天性好动,作用于数据,推动程序世界的演进和发展。尽管上述观点是统一的,但是在数据和逻辑的存在形式和演进形式上,过程论和对象论的观点截然不同。

过程观认为:数据和逻辑是分离的、独立的,各自形成程序世界的一个方面。所谓"世界的演变",是数据在逻辑作用下发生改变的过程。这种过程有明确的开始、输入、输出、结束,步骤间存在严格的因果关系。过程是相对稳定的、明确的和预定义的,小过程组合成大过程,大过程还可以组合成更大的过程。所以,程序世界的本质是可控的过程世界,数据作为过程的处理对象,逻辑作为过程的形式定义。

对象观认为:数据和逻辑不是分离的,而是相互依存的。相关的数据和逻辑形成个体,这些个体被称为对象(Object),世界就是由一个个对象组成的。对象具有相对独立性,对外提供一定的服务。所谓"世界的演进"是指在某个"初始作用力"作用下,对象间通过相互调用而完成交互;在没有初始作用力下,对象保持静止。这些交互并不是完全预定义的,不一定有严格的因果关系,对象间交互是"偶然的",对象间联系是"暂时的"。世界就是由各色对象组成,然后在初始作用力下,对象间的交互完成了世界的演进。所以世界的本质是对象及其相互联系,而且是一个不可控的对象世界。

(2)方法论

世界观决定方法论,程序世界观决定面向过程的方法论。这种方法论就是:自顶而下,逐步分解。例如,烧排骨的过程依次是买、洗、切、烧、装盘。面向对象的方法论是:抽象,精化,联系。例如,一个大学的管理,抽象出院长、系主任、教研室主任等对象,在初始作用力"提高教学,培养合格人才"的作用下,各对象自行联系解决问题,实现目标。

(3)表达建模

设计出一套相应的规范结构以保证方法论顺利执行,这种结构设计也称为"建模"。

过程方法论的模型结构通常用层次图、数据流图来表达。"模型模块"设计,是认识现实世界和解构世界、解决问题的一种简单建模方案,绘制模型模块结构图的过程是设计思路不断清晰、深化的过程,也是具体编程(包括合作编程)的依据。

对象方法的模型结构通常用例图、类图、序列图等方法来表示。

(4)语法规则

有了世界观、方法论及具体的表达方案后才可以去编程,不同的计算机语言虽然格式上有些区别,但语法规则是相同的。

2.C/C++两种语言和面向过程、面向对象两种思维

(1)是否应该先学 C 再学C++

有不少人认为 C 是基础,C++是提高,所以应该先学 C 再学C++。C++之父 Bjarne stroustrup 认为先学 C 没有必要,这是混淆了认识问题与解决问题的两种思维(世界观、方法论)和两种描述语言。

(2)思维和语言是两码事

解决问题有面向过程、面向对象两种思维。通常人们认为 C 是面向过程的开发语言,而C++是面向对象的开发语言,所以,用 C 开发的程序就是面向过程的,而用C++开发的程序就是面向对象的。

实际上,如果从面向对象的角度去考虑问题,C 也可以编写出面向对象的程序;如果出

发点是面向过程,编写的程序中即使包含了C++的语法特点(如类C++语言的特性,C语言里没有),也依然是面向过程。

(3)面向过程和面向对象各有优势

在一些实时反应、效率要求很高的问题中,用面向过程的思维方法来解决会更直接快捷。比如说,单片机的控制、信号的读取等。如果解决复杂的系统,就要考虑系统里各个对象的权利、通信、协作等,用面向过程不是不可以,但用面向对象的思想会促使我们去建立各种模型、各种对象、各种联系,会使得我们对结构把握得更清楚。

这就像如果是盖一个狗棚,就不需要画图纸,只需找些土来,浇点水,和成泥,垒泥巴即可。即使狗棚倒了也没有关系,还可以重修重盖。但是如果要盖一幢100层的大楼,就需要首先进行设计规划,然后选出各方面的项目经理,再将设计思想跟他们讲清楚,并向他们提供很多的图纸,包括电气分配图、材料图、立体模型图等。

(4)面向过程和面向对象两种思维都需要,且二者相互融合

如果按面向过程思维方式行事,就要分步骤进行:第一步,第二步,第三步……第 n 步,做后一步的依据是前一步做好了,每一步你都要事必躬亲,如果一步做不下来,就无法再做下一步;如果按面向对象的处理方式行事,就是:将事件流按功能相近的事件交给一个专门的对象(人)去处理,不需要管细节,只要管那个人就可以了,他做好了,向你汇报,你再去看第二个人工作有没有做好。你是从管理者的角度来管理对象的,不用再辛苦地管理细节,你是面向对象的,而被管理者去做事情的时候,他会按照步骤一步步地向下做,他是面向过程的。

可见,面向对象和面向过程并不冲突,在一个大型的系统设计中两者是紧密结合在一起的,只是侧重点不一样。在做整体架构的时候多用面向对象的思想去考虑,而在实现细节上大都用面向过程的思想去解决。面向对象包括了面向过程,两者不应截然分开,掌握面向对象的基础是面向过程,面向过程和面向对象需要相互融合。

(5)借助C/C++语言学习面向过程和面向对象两种思维方法

C 和C++是两种语言,C++虽然主要是以 C 为基础发展起来的一门新语言,但它不是C 的替代品,从语言的角度来看没有谁比谁更先进的说法,这两门语言各有各的应用范围,没有先学 C 再学C++的说法。目前,C 和C++各自的标准委员会是独立的,最新的C++标准是C++98,最新的 C 标准是 C99。

我们将C/C++放在一起学习,是基于这两种语言的特点优势及语法规范的关联,更重要的是借助这两种语言学习面向过程和面向对象两种处理问题的方法。

1.3 思维训练题——自测练习

1.简答题

(1)面向过程结构化编程的宗旨是什么?

(2)模块又称什么？

(3)模块和文件的关系是什么？

(4)程序运行从哪个模块开始，至哪个模块结束？

(5)单文档模型和多文档模型写程序都有哪 3 个部分？

(6)为什么使用 sqrt 函数时，其前面必须加上♯include<math.h>？

(7)程序编译之后生成的目标文件(后缀名为 obj)为什么不能执行？

(8)以下是求 3 个整型数平方和的部分代码。哪个写得较好,为什么？

第 1 种写法：主模块所在的文件 SquareSumMain.cpp。

```
/*******************************************************
    created：2008/02/08
    file base：SquareSumMain
    file ext：cpp
    author：李祎
    purpose：这是求 3 个整型数的平方和的主模块所有的文件
*******************************************************/
int main()
{
    int a,b,c,SquareSum;              //定义变量
    cin>>a>>b>>c;                     //输入 3 个变量的值
    SquareSum=getSquareSum(a,b,c);    //调用函数求平方和,返回值给 SquareSum
    cout<<SquareSum;                  //输出最后的平方和
    return 0;
}
```

第 2 种写法：主模块所在的文件 Test.cpp。

```
int main()
{
    int a,b,c,d;
    cin>>a>>b>>c;
    d=f(a,b,c);
    cout<<f;
    return 0;
}
```

选择较好的方案并说明理由：_____

(9)请分析下面程序由哪几部分组成,其运行后的结果如何。代码如下：

```
int add(int a,int b)
♯include <iostream.h>
```

```
int add(int a,int b);
int main()
{
    int a,b,c;
    a=2;
    b=3;
    c=add(a,b);
    cout<<"两个变量的和是:"<<c;
    return 0;
}
int add(int a,int b)
{
    return a+b;
}
```

(10)根据第(8)题中调用的 getSquareSum 模块,源代码:"SquareSum＝getSquareSum (a,b,c);",画出 getSquareSum 的模块图(提示:模块图由输入、输出、模块名 3 部分组成)。

2. 不定项选择题

(1)如果源文件是 TwoMaxMain. cpp,经过编译后生成的文件是(　　)。

  (A)TwoMaxMain. exe   (B)TwoMaxMain. lnk

  (C)TwoMaxMain. obj   (D)TwoMaxMain. dsw

(2)Matlab 属于(　　)。

  (A)系统软件   (B)应用软件   (C)嵌入软件   (D)语言软件

(3)下列关于 main 模块的描述,正确的是(　　)。

  (A)程序中必须有的模块   (B)可有可无

  (C)视程序大小可以有多个   (D)这是程序的开始模块,但不是终点

(4)"成绩管理系统"需要编写若干个自定义模块,如"输入分数模块""查询分数模块" "显示分数模块",那么这些模块归属下面(　　)名称是合适的。

  (A)Elephant   (B)ScoreManager

  (C)Student   (D)StudentManager

(5)以下(　　)符号是程序的注释符号。

  (A){}   (B)//   (C)＊ / / ＊   (D)remember

(6)程序中使用 cin 输入数据,使用前必须加(　　)。

  (A)♯ include ＜iostream. h＞   (B)♯ include ＜cin. h＞

  (C)直接使用,表示输入   (D)♯ include"cin. h"

(7)建立控制台程序必须先建立一个项目,如果建立的项目名为 SimpleProj,项目下 建立 3 个文件:SimpleMain. cpp、Int. cpp、Int. h,编译连接后生成的可执行文件 名为(　　)。

　(A)SimpleProj. exe　　　　　　　　(B)SimpleProj. obj

　(C)SimpleMain. exe　　　　　　　　(D)SimpleMain. obj

(8)下面(　　)描述是正确的。

　(A)输入、输出、模块功能决定了模块头部的写法

　(B)模块名通常是动词,因为它表达某一个具体执行的功能

　(C)使用一个模块,要在前面加上这个模块的说明清单

　(D)使用一个模块,必须要定义这个模块,否则不能使用

(9)编写模块的思路应该遵循解决简单问题的 4 个步骤,即按(　　)步骤进行。

　(A)模块功能、输入输出、解决思路、算法步骤、模块代码

　(B)自顶而下、逐步求精、面向过程、结构编程

　(C)建立对象、发生关联、不断迭代

　(D)顺序、选择、循环

(10)自定义模块格式为:int getMax(int a,int b,int c),请选择其相对应的模块结构图(　　)。

3. 判断题

(1)一个C/C++程序有且只能有一个主模块,即 main 模块。　　　　　　　　　(　　)

(2)C++语言是面向对象语言,用C++语言设计的程序肯定是面向对象的。　　(　　)

(3)良好的编程风格包括命名法则、注释、一致性等。　　　　　　　　　　　(　　)

(4)模块设计指的就是函数设计。　　　　　　　　　　　　　　　　　　　(　　)

(5)模块从外观上看有两个部分组成:模块头和模块躯干。　　　　　　　　　(　　)

(6)模块设计必须明确接口部分的设计,即明确输入部分和输出部分。　　　　(　　)

(7)编译是将源码转成二进制代码的过程。　　　　　　　　　　　　　　　(　　)

(8)高级语言是擅长实时编程的第三代计算机语言。　　　　　　　　　　　(　　)

(9)软件维护成本在当今计算机软件系统中所占的分量越来越重。　　　　　(　　)

(10)C/C++每行执行语句后面应加";"。　　　　　　　　　　　　　　　(　　)

4. 画图题

根据下面给定的条件画出相应的模块结构图,并给出模块头部格式。

(1)模块功能:根据给定的两个整数得到(返回)两个整数的平均值。

(2)模块功能:根据长方体的长、宽、高(整数)得到(返回)这个长方体的体积。

(3)模块功能:根据给定的球的半径(小数),得到(返回)球的表面积。

(4)模块功能:在屏幕指定位置显示一段文字,即根据给定的位置(包括横坐标和纵坐标,坐标值为整数)、相应的字符串值,在模块内部显示至显示屏(字符串类型现在没有学到,请用汉字"字符串类型"表达)。

(5)模块功能:根据给定的华氏温度(小数)得到(返回)相应的摄氏温度。

5. 画图题

在主模块里输入圆的半径(小数),求圆的周长和表面积,请画出相应的模型结构图。

6. 编程题(同型基础)

编写程序,求两个小数(小数用关键字 float 表示)的较大数的平方值。

[模型设计]

[模块设计]

[问题罗列]

7. 编程题(同型基础)

编写程序,求两个整数中较小数的平方值。

[模型设计]

[模块设计]

[问题罗列]

8. 编程题（同型基础）

编写程序，求两个整数的较大数和较小数，并显示输出。

提示：编写两个自定义模块并分别求较大数和较小数。

[模型设计]

[模块设计]

[问题罗列]

1.4 思维训练题——答辩练习

9. 编程题（变式答辩）

编写自定义模块，根据圆的半径（小数）求圆的面积，并返回面积值。

[模块设计]

[问题罗列]

10. 编程题（变式答辩）

编写自定义模块：根据输入的整数 x，求表达式 $f(x) = x^3 + 3x + 1$ 的值，并编写主模块测试自定义模块的正确性。要求:用多文档解决方案。

[模型结构]

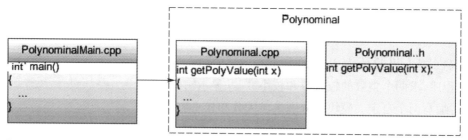

[模块设计]

(1)主模块 main

①模块功能:求多项式的值。

②输入输出:

| main模块 |

形式:int main()

归属:PolynominalMain

③解决思路:根据给定的表达式求出相应的函数值。例如,若 $x=3$,则函数值是 37。

④算法步骤:

第一步:输入整数 x。

第二步:通过自定义模块 y=getPolyValue(x)求出相应的函数值。

第三步:输出 y。

⑤模块代码(请根据算法提纲给出相应的代码):

(2)自定义模块 getPolyValue

自定义模块分模块功能、输入输出、解决思路、算法步骤、模块代码 5 个方面。

[问题罗列]

11. 编程题 (变式答辩)

编写程序,求两个整数的较大值的立方。

要求:用多文档解决方案。

[模型设计]

［模块设计］

［问题罗列］

1.5　思 维 训 练 题——阅 读 提 高

12. 思考

下面的行为如何分成更细小的步骤(提高初级)?

①升旗仪式

②写论文

③炸碉堡

④旅游策划

1.6　上 机 实 验

［实验题目］

①在屏幕上输出"Hello,Welcome"。

②采用多文档模型结构实现如下要求:输入 2 个小数,编程求这 2 个数的较小数,并求其立方值。

［实验要求］

①采用单文档。

②采用多文档。

［实验提示］

1. 实验题 1 提示

(1)进入环境

①双击![icon],运行程序 MSDEV. EXE。

②进入环境后,选择 File→New,新建一个项目。

③在 Projects 标签中选择 Win32 Console Application,即 Win32 控制台程序,在 Project name 中填写这个项目的名字 HelloProj,在 Location 栏目中选择位置。

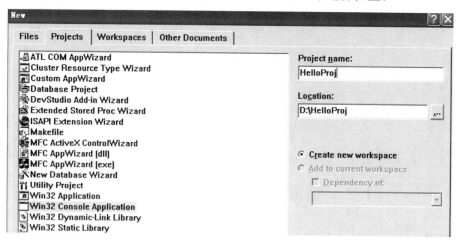

④再次选择菜单 File→New,选择C++ Source File,在 File 栏目里写上程序的文件名 HelloMain,然后点击"确定"按钮,就可以生成主程序文件。以下的工作就是在这个主程序的窗口里写程序代码。

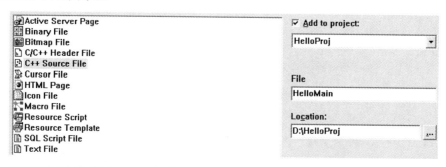

(2)编写 HelloMain. cpp 代码

```
#include <iostream. h>
int main()
{
    cout<<"Hello,Welcome";
    return 0;
}
```

(3)运行程序

程序代码输入完毕之后,点击工具栏上的 **!** 或者按"Ctrl+F5"组合键,就完成了编译、连接、运行。并且运行结束之后出现英文提示:press any key to continue(表示按任意键结束运行)。

2. 实验题 2 提示

①进入环境,完全等同于第 1 题的环境设计。

②编写两个自定义模块:其一是求两个整数的较小值,其二是求较小数的立方。注意这两个模块的命名规范。

[实验思考]

①按"Ctrl＋F5"组合键相当于同时执行了哪几步?

②模块和文件的命名规范是什么?

调 试 技 术

2.1 目 标 与 要 求

➤ 进一步熟练使用 VC 开发环境。
➤ 认识程序中的错误分类,学会相应的调试方法。
➤ 掌握文件的规划管理。
➤ 理解模块的封闭性。

2.2 解 释 与 扩 展

1.注释位置

核心代码和难以理解的地方需要注释;每个文件的最前面应该加以注释,列出:版权说明、版本号、生成日期、作者、功能、和其他文件的关系、修改日志等;每个模块的最前面应该加以注释,列出:函数的目的/功能、输入参数、输出参数、返回值、调用关系(函数、表)等。

例如,求三个整数模块的归属文件 Int. cpp,下面给出文件和模块的整体注释:

```
/**********************************************************
 *@文件含义 这是所有整数操作模块的归属文件
 *@版权所有 合肥学院电子系
 *@author 李祎
 *@version 1.01
 *@created:2008/02/08
 *@file name:Int.cpp
 **********************************************************/
/*
 *@模块名 getThreeMax
 *@功能 求三个整数的最大数
 *@param [in]data1 第一个数
 *@param [in]data2 第二个数
 *@param [in]data3 第三个数
 *@return 三个数的最大数
 */
int squareSum(int data1,int data2,int data3)
{
    return data1 * data1+data2 * data2+data3 * data3;
}
```

2. 调试技术——跟踪堆栈

跟踪堆栈可以确定某一特定时刻程序中各个函数之间的相互调用关系。方法是当程序执行到某断点处,按"Alt＋7"组合键,弹出 Call Stack 窗口,此时可看到当前函数调用情况,当前函数在最上面,下面的函数依次调用其上面的函数。

```
⇨ getSquareSum(int 0, int 1, int 3) line 3
  main() line 8 + 15 bytes
  mainCRTStartup() line 206 + 25 bytes
  KERNEL32! 7c817077()
```

3. 常用数学函数

(1)三角函数举例

求表达式 $y(t) = 5\sin(2t + \pi/3)$,当 $t = 3$ 时,y 的值。

分析:这是一个正弦曲线,振幅 $A = 5$,频率 $f = 2/2\pi$,因周期是频率的倒数,所以周期是 π,也就是每相隔 π,曲线要重复一次。相位是 $\pi/3$,即 $60°$,表示了起点的位置。如下图所示:

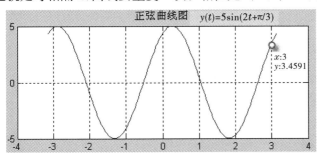

代码如下:

```
# include <math.h>
int main()
{
    float t,y;
    t=3;
    y=5 * sin(2 * t+3.14159/3);
    cout<<y;
    return 0;
}
```

显示结果:

3.4591

(2)双曲线函数

双曲线函数是建立在 e^x 基础上的函数,而反双曲线函数是建立在自然对数 $\ln x$ 上的函数,双曲函数在模拟一些复杂曲线时非常有效,例如,在设计模拟飞机机翼和某种类型的滤波器时,常用到双曲函数。C/C++库函数主要提供了双曲正弦函数和双曲余弦函数,其余的双曲函数,可以通过数学关系推导出来。

$sinh(x)$ 计算 x 的双曲正弦值,值为 $\dfrac{e^x-e^{-x}}{2}$。

$cosh(x)$ 计算 x 的双曲余弦值,值为 $\dfrac{e^x+e^{-x}}{2}$。

下图显示 $y=sinh(x)$ 的图形:

2.3 思维训练题——自测练习

1. 简答题

(1)编程错误有哪三类? 如何解决?

(2)如何根据程序的走向和中间变量的变化进行单步调试?

(3)编写控制台程序,最关键的几个文件是什么?

(4)谈一谈编写程序如何放置合理位置?

(5)如何引入别人编写的源代码?

(6)调试时,如果遇到一个还没有赋值的变量,从"变量窗口"里看到的这个变量的值会是多少? 为什么?

(7)下面代码,编译时会出现什么样的错误信息?

```
int main()
{
    int a;
    c=10;
    return 0;
}
```

(8)如果想知道程序中某变量在某一位置的值是多少,应当如何去做?

(9)请列出三种常用数学函数;如果要使用数学函数,就必须包含什么文件?

(10)编写程序求三个整数的最大数和最小数,项目名如何确定? 文件名如何确定? 请画出模型结构图。

2. 选择题

(1)错误提示信息:error C2146:syntax error :missing ′;′ before identifier ′cin′,原因是( )。

    (A)cin 标识符写错   (B)cin 之前少一个分号

    (C)cin 之前多写了一个分号   (D)错误原因不明

(2)错误提示如下:error C2065: 'age': undeclared identifier,应该判断是(　　)错误。

　　(A)age 定义了,但没有使用　　　　　　(B)不认识 age,age 没有定义就使用了

　　(C)age 后少分号　　　　　　　　　　　(D)age 前少分号

(3)在 Visual C++中,单步执行的快捷键是(　　)。

　　(A)F10/F11　　　　(B)F7　　　　　　(C)F9　　　　　　(D)F5

(4)在 Visual C++中,编写控制台程序文件,需要建立下面(　　)扩展名类型的文件。

　　(A)cpp 和 h 文件　　　　　　　　　　　(B)html 和 xml 文件

　　(C)dsp 和 dsw 文件　　　　　　　　　　(D)exe 和 dll 文件

(5)使用多文件多模块结构编写程序,至少应该有主模块、自定义模块以及自定义模块
　　的声明 3 个文件,如果主模块中调用了自定义模块(fun 模块),且编译正确(自定义
　　模块的声明正确),但并没有编写自定义模块代码,那么会出现的错误会是(　　)。

　　(A)fatal error LNK1120: 1 unresolved externals

　　(B)error C2065: 'fun': undeclared identifier

　　(C)error C2146: syntax error: missing ';' fun

　　(D)unable to create fun. exe

(6)一个模块定义的头部形如:float xxx(),这个模块的含义是(　　)。

　　(A)无输入,但有返回,返回值是小数

　　(B)有输入,输入值是小数,无返回

　　(C)这个模块无意义

　　(D)既无输入,也无输出

(7)归属于 Int 的两个模块:getMax 和 getMin 模块,即 Int. cpp 和 Int. h 均已写好,且正
　　确。主模块 main 调用了这两个模块,编译出错:error 2065: 'getMax' 'getMin'
　　undeclared identifier,请指出原因(　　)。

　　(A)主模块前少♯include"Int. h"

　　(B)主模块前少♯include"Int. cpp"

　　(C)Int. h 中 getMax、getMin 模块写错

　　(D)Int. cpp 里没有 getMax、getMin 这两个模块

(8)一个程序从开发到运行可能有(　　)错误。

　　(A)语法错误　　　　(B)逻辑错误　　　　　(C)连接错误　　　　(D)编译器错误

(9)代码中出现:a=1/0,从编译到运行过程中,会在(　　)出错。

　　(A)编译阶段　　　　(B)连接阶段　　　　　(C)运行阶段　　　　(D)不确定

(10)两个模块的代码如下,程序运行结果是(　　)。

```
♯include"iostream. h"
void xxx(int a);                  //自定义模块的声明部分
int main()                        //主模块部分
{
    int a;
```

```
    a=10;
    xxx(a);
    cout<<a;
    return 0;
}
void xxx(int a)                    //自定义模块的代码部分
{
    a=a+10;
}
```

(A)10   (B)20   (C)0   (D)不确定值

3. 判断题

(1)源文件(cpp)可编译,但头文件(h)不能编译。　　　　　　　　　　　　(　　)

(2)编译的目的是检查语法错误,编译正确了,说明程序就能正确运行了。　(　　)

(3)设置断点的目的是为了调试程序,让程序在某处停下来检查数据状态。(　　)

(4)项目名就是建立一个工程的目录名,源码和清单文件都保存在这个目录下。(　　)

(5)♯include <iostream. h>被称为"预处理语句",目的是将输入输出的声明加进来。

　　　　　　　　　　　　　　　　　　　　　　　　　　　　　　　　(　　)

(6)编译以文件为单位,而不是以模块为单位。　　　　　　　　　　　　　(　　)

(7)改变一个模块里定义的变量值会影响到另外一个模块里定义的同名变量值。(　　)

(8)如果包含系统头文件,则用<>,如:♯include<iostream. h>;如果包含自定义的头文件,则用"",如:♯include"Int. h"。　　　　　　　　　　　　　　　(　　)

(9)求一个数的绝对值,可以使用系统数学库里的函数fabs。　　　　　　(　　)

(10)当一个模块被调用之后,它返回到原来的模块中,继续向下执行。　　(　　)

4. 改错题

(1)下面代码是用单文档模型方案求表达式 $f(x)=x^3+2x^2+1$ 的值,请找出其中的语法错误。

```
int main()
{
    int x,y;
    cin>>x;
    y=getPoly3Value(x);
    cout<<y;
    return 0;
}
getPoly3Value(x)
{
    return x*x*x+2x*x+1;
}
```

（2）下面代码是用单文档模型方案实现两个整数值的交换，请根据出错信息找出其中的语法错误，并上机验证能否达到交换目的。

```cpp
# include <iostream.h>
void swap(a,b);
int main()
{
    int a,b;
    cin>>a>>b;
    swap(a,b);
    cout<<a<<b;
    return 0;
}
void swap(a,b)
{
    int temp;
    temp=a;
    a=b;
    b=temp;
}
```

编译程序出现如下错误提示信息：

```
error C2065: ´a´ : undeclared identifier
error C2065: ´b´ : undeclared identifier
syntax error : missing ´;´ before identifier ´swap´
```

注意：即使这个程序表面上的错误全部改正了（编译错误改正），程序运行也达不到交换 a 和 b 值的效果（如何解决这个问题，需要学习第 4 章相关内容）。

（3）下面程序代码是求 3 个整数的平方和，代码如下：

SquareSumMain. cpp	Int. cpp	Int. h

`# include <iostream.h>`
`# include "Int.h"`
`int main()`
`{`
    `int d1,d2,d3;`
    `cin>>d1>>d2>>d3;`
    `int s;`
    `s=getSquareSum(d1,d2,3);`
    `cout<<s;`
    `return 0;`
`}`
	`int getSquareSum (int x1,int x2,int x3)`
	`{`
	    `return x1 * x1+x2 * x2+x3 * x3;`
	`}`
		`int getSquare( int x1,int`
		`x2,int x3);`

编译 SquareSumMain.cpp 出错,出错信息如下:

```
Compiling…
SquareSumMain.cpp
error C2065:´getSquareSum´: undeclared identifier
```

请分析原因,并改正。

(4)下面程序代码是求 3 个整数的平方和,代码如下:

SquareSumMain.cpp	Int.cpp	Int.h

`#include <iostream.h>`
`#include "Int.h"`
`int main()`
`{`
`    int d1,d2,d3;`
`    cin>>d1>>d2>>d3;`
`    int s;`
`    s=getSquareSum(d1,d2,3);`
`    cout<<s;`
`    return 0;`
`}`
	`int getSquare(int x1,int x2,int x3)`
	`{`
	`    return x1*x1+x2*x2+x3*x3;`
	`}`
		`int getSquareSum(int x1,`
		`int x2,int x3);`

编译 Int.cpp 和 SquareSumMain.cpp 均无错。

连接出错,出错信息如下:

```
error LNK2001: unresolved external symbol "int __cdecl getSquareSum(int,int,int)"
```

请分析原因,并改正。

5.调试题

以下代码求 3 个整数的最大数,请在下面代码 max=getMax(a,b,c);处设置断点,使用断点调试技术,查询当发生函数调用时,aa、bb、cc 的值是多少?

```
#include <iostream.h>
int getMax(int a,int b,int c);
int main()
{
    int a,b,c,max;
    cin>>a>>b>>c;//输入 3,4,5
    max=getMax(a,b,c);
    cout<<max;
    return 0;
}

int getMax(int aa,int bb,int cc)
```

```
{
    if(aa>bb&&aa>cc) return aa;        //&& 是一种逻辑运算符,含义是"且"
    if(bb>aa&&bb>cc) return bb;
    if(cc>aa&&cc>aa) return cc;
}
```

［解答部分］

［问题罗列］

6. 画图题

根据下面给定的条件画出相应的自定义模块结构图,并给出相应的模块表达式。

(1)模块功能:根据给定的两个整数求它们的最大公约数和最小公倍数。

(2)模块功能:根据给定的两个字符串返回这两个字符串的合并字符串。

(3)模块功能:根据给定的项数 n,返回一个整数数列的第 n 项的项值。

(4)模块功能:根据给定的 3 个整数,返回最大值。

(5)模块功能:根据给定的 3 个整数,打印最大值。

(6)模块功能:打印所有的整数。

7. 画图题

在主模块里输入三角形的三边长,自定义模块根据三边求周长和面积,请画出整个程序的模型结构图。

2.4　思维训练题——答辩练习

8. 编程题（变式答辩）

编写模块 getMin,根据给定的 3 个整数返回最小数。

［模块设计］

［问题罗列］

9.编程题（变式答辩）

编写模块 getDeposit，根据给定的本金额、存款年限、存款利率而得到的最后金额。

[模块设计]

[问题罗列]

2.5　思维训练题——阅读提高

10.编程题（提高初级）

某人3年前将10000元存入银行，作5年的定期存款，利率是3％，还有2年到期。可是现在有了新的情况，国家发行2年期国债，利率是4％，如果他现在将存款提取出来，前3年的利息就只能够按2％计算，那么这个人是提出钱来转买国债收益高还是维持现状不动收益高？

[模块设计]

[模型设计]

[问题罗列]

2.6　上机实验

[实验题目]

采用多文档模型结构实现如下要求:输入3个整数，编程求这3个数的最大值、最小值，并求最大值与最小值之差。

[实验要求]

在程序能够成功运行后，单步执行，查看程序运行过程，查明程序从哪里开始到哪里结束，在单步运行的过程中，看清楚变量如何改变。

［实验提示］

①编写两个模块分别求最大值和最小值,每个模块的传入参数要设置 3 个整型变量,分别接收传入的 3 个整数。

②比较 3 个数大小可以使用一种运算符 &&,例如,判断条件为:"如果 a 比 b 大,同时 a 比 c 大",则相应的语句表达为:if(a>b&&a>c){…}。

［实验思考］

①模块在命名时有什么约定?

②按实验提示中比较大小的思路,如果要求 4 个整数中的最大值,需要进行多少次判断?

③如果编译阶段出错,表明什么? 如何查错?

④如果连接阶段出错,表明什么? 如何查错?

⑤如果运行阶段出错,表明什么? 如何查错?

基本数据类型

3.1　目标与要求

➤ 理解并掌握数据类型的基本概念,并能分辨出不同数据类型的使用环境。
➤ 理解并掌握常量、变量的命名规则和使用方法。
➤ 初步认识局部变量和全局变量。
➤ 初步掌握常用运算符的使用方法。
➤ 进一步巩固函数的基本使用方法,掌握无返回值函数的使用方法。

3.2　解释与扩展

1. 整数范围内正负参半,为什么负的多一些?

short 整数分配 2 B,可表示 $2^{16}=65536$ 个数据,正负各半,表示范围[$-32768,32767$];
char 字符分配 1 B,可表示 $2^8=256$ 个数据,正负各半,表示范围为[$-128,127$]。为什么负数比正数多一个,而不是相反? 下面以 char 为例来说明。

char 的 8 位,首位代表符号位(正负,0 表示正,1 表示负),这样表达的所有数据如下表中间一列:

10 进制数据	2 进制原码	2 进制补码
127	0 1111111	0 1111111
126	0 1111110	0 1111110
...		
2	0 0000010	0 0000010
1	0 0000001	0 0000001
0	0 0000000	0 0000000
−1	1 0000001	1 1111111
−2	1 0000010	1 1111110
...		
−126	1 1111110	1 0000010
−127	1 1111111	1 0000001
−128	1 0000000	1 0000000

计算机为简化运算器的设计线路,将所有的减法转成加法。上图将 1 0000000(负 0)看成 −128而非 128 有非常重要的意义,为什么呢? 当用原码计算时,会出错,比如−127+1=−126, 但用 2 进制表达时 1 1111111+1=0 0000000,结果是 0,而非上图中 2 进制原码−126 的表 达形式 1 1111110。这样无论加法还是减法都进行不下去,所以必须对 2 进制原码进地改 造,使它们适合计算,而实际在计算机内存中保存的也是补码。

改造的方法是:对于负数,符号位不变,数据位取反+1;对于正数,不变。改造后的结果 如上表右列所示,这样的改造使加法能够顺利进行下去(最右列自下而上加 1 得到上一行的 结果),符号位参与了运算(看−1 这行,加 1 后变成了 0;再看 127 这行,加 1 后变成了 128), 也可看出超过范围的数据在[−128,127]之间循环。

不管是有符号表达还是无符号表达的整数或字符,其表达的数量是相同的。而对有符 号类型来说,如果超过界限之后,会自动从最小的负数开始循环向前。请看下面代码:

```
# include <iostream.h>
int main()
{
    short int i=32768;
    cout<<"i 为 32768 过界后,从最大负数−32768 开始,应该是−32768,实际为:"<<i<<endl;

    i=32769;
    cout<<"i 为 32769 过界后,从最大负数−32768 开始向前移动,应该是−32767,实际为:"<<
i<<endl;

    short int j=−1;
    cout<<"有符号表达−1,应该为−1,实际为:"<<j<<"−−−无符号表达−1,应该为 65535,
实际为:"<<(unsigned short int)j<<endl;

    return 0;
}
```

运行结果如下:

```
i为32768过界后，从最大负数-32768开始，应该是-32768,实际为：-32768
i为32769过界后，从最大负数-32768开始向前移动，应该是-32767，实际为：-32767
有符号表达-1，应该为-1，实际为：-1---无符号表达-1，应该为65535，实际为：65535
```

2.编码表的扩展

(1)标准 ASCII 码(美国标准交换信息码)

ASCII 码实际采用一个字节的后 7 位表示一个字符,最高位为"0",范围是 0x00∼ 0x7F,只能表示 128 个字符,这 128 个字符就是一开始制定的 ASCII 码表。

(2)扩展 ASCII 码

人们在制定 ASCII 表之后不久,发现这 128 个字符远远不能满足要求。比如说,打印出 一个表格,那么表格线字符就打印不出来,于是又扩展了 ASCII 的定义,使用一个字节的全 部 8 位(bit)来表示字符,称为"扩展 ASCII 码"。范围是 0x00∼0xFF,共可表示 256 个字符。

（3）MBCS 编码

计算机并不是仅有美国人用,中国人也用,日本人也用,那怎么表达不同国家的那么多字符呢? 中国人利用连续 2 个扩展 ASCII 码的扩展区域(编码在 0xA0 后)的方法来表示一个汉字,该方法的标准称为"GB-2312"。日文、韩文、阿拉伯文等都使用类似的方法扩展本地字符集的定义,现在统一称为"MBCS 字符集"(多字节字符集)。这个方法是有缺陷的,因为英文字母是一个字节,而遇到其他国家字符时才将 2 个字节联合起来表示,这给编程带来一定的混乱,同时各个国家和地区定义的字符集有交集。

（4）UNICODE 编码

ISO(国际标准化组织)废弃所有的地区性编码方案,重新规范了包括全球所有文化、所有字母和符号的编码,这个编码称为"UNICODE"。UNICODE 直接规定必须用 2 个字节,也就是 16 位来统一表示所有的字符。UNICODE 的范围是 0x0000～0xFFFF,共 6 万多个字符。对于 ASCII 里的那些"半角"字符,UNICODE 保持其原编码不变,只是将其长度由原来的 8 位扩展为 16 位(高 8 位为 0),而其他文化和语言的字符则全部重新统一编码。现在,对于同一软件,可以选择不同编码方式来浏览相应的网页。例如,使用 IE 浏览器,软件菜单上选择"中文编码"方式可以看中文网页,如果选择"日文编码"方式可浏览日本网站,不会出现乱码。

为此,C++提供了 wchar_t 字符数据类型,一般为 16 位或 32 位,这是一种扩展的字符存储方式,UNICODE 编码的字符一般以 wchar_t 类型存储。

3. 小数快照

（1）小数存储格式

小数在内存中以二进制科学计数法表示,如十进制数 12.5 转成二进制就是 1100.1,其科学计数法表示为 $1.1001×2^3$。IEEE 规定,小数在内存中按如下规定:

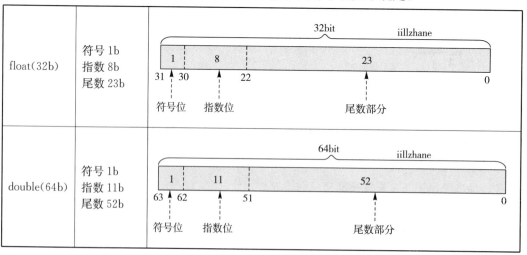

例如,将 12.5 视为 float 型小数(4B),符号位因正数故为二进制数 0;指数位是 3,由于指数位采取移动存储方式,存入的是偏移量 127＋3＝130,130 转成 8 位二进制数是 10000010;尾数 1001 后面补 0 转 23 位尾数是 1001000 00000000 00000000。所以完整数据

为:01000001 01001000 00000000 00000000,对应的十六进制代码是 41 48 00 00(可通过调试器查看此数)。如下所示:

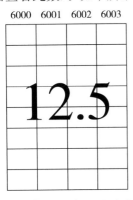

6000　6001　6002　6003

0	0	0	0
0	0	1	1
0	0	0	0
0	0	0	0
0	0	1	0
0	0	0	0
0	0	0	0
0	0	0	1

(2)精度和范围的确定

从 IEEE 的规定中可以看出,指数部分的位长决定了取值的范围,尾数部分的位长决定了小数的精度。尾数和指数的长度越长,表达的精度就越精确,范围就越广泛,但这是有代价的,因为这样所消耗的空间更大,计算速度也更慢。

范围:如 float 小数,指数为 8 位,即 8b=256,表达的指数范围是 0～255,因指数可正可负,根据 IEEE 规定:实际指数存储值,即阶码−127=实际指数值,故实际指数存储值为−127～128,即范围应是−2^{128}～+2^{128},也即−3.40E+38～+3.40E+38;而最小值的绝对值为 2^{-127},也即 1.175E−38(很小的数,但不是 0)。

精度:如 float 小数,尾数为 23 位,2^{23}=8388608,共 7 位,这意味着能够确保 6 位精度,所以float 小数的精度为 6～7 位有效数字。同样的道理,对于 double 小数,2^{52}=4503599627370496,共 16 位,故 double 小数的精度为 15 位。

4. C++中多出的一些运算符

除教材列出的C/C++共有的运算符外,C++又增加了 12 个运算符。

名称与级别	种类	作用
元级运算符	:: **typeid** dynamic_cast<type> static_cast<type> reinterpret_cast<type> const_cast<type>	作用域解析 获取类型信息 运行时检查类型转换 未经检查的类型转换 重定义类型转换 更改非常量属性
单目运算符	**new** **new**[] **delete** **delete**[]	动态产生空间 动态产生数组空间 动态收回空间 动态收回数组空间
对象选择符(优先级在单目之后)	. * —>*	成员对象选择 成员对象选择

以上加粗部分的运算符,在今后的学习中会逐步介绍并使用。

36

5.单片机开发中全局变量的应用分析*

一台能够工作的计算机包括:中央处理单元 CPU(进行运算、控制)、随机存储器 RAM (数据存储)、存储器 ROM(程序存储)、输入/输出设备(串行口、并行输出口等)。如果将这些部分分成若干块芯片,安装在一个被称为主板的印刷线路板上,就会组成"电脑",而如果这些部分全部被做到一块集成电路芯片中,就称为"单片机"。有一些单片机除了上述部件外,还集成了其他部件,如模拟量/数字量转换(A/D)和数字量/模拟量转换(D/A)等。

单片机的用途很广,所有的家电里面都有单片机,家电正常工作需要对单片机进行编程。单片机的编程需要清楚"中断"机制,这个机制就是当符合一定的条件时,系统被中断,转而执行一段子程序(称"中断服务子程序"),然后返回。"中断"机制,其一可以进行分时操作,提高 CPU 的效率(类似于软件中多进程概念),因为中断服务程序虽然是由我们自己编写,但并不运行在我们的程序空间里,它由系统自动进行调用;其二可实现实时处理,一旦有变化立即会启动。

比如说,你在看书,突然水烧开了,那你就可以眼神不离开书的同时伸手关煤气灶头,这就是"中断"。单片机中可引起中断的事件有:按下键盘、定时/计数器溢出、报警等。

现在流行的单片机大都是 51 系列的单片机,可用 C 语言直接编程。典型的 89C51 单片机中共有 5 个中断源:2 个外部中断、2 个定时/计数器中断和 1 个串行口中断。这里不详述每种中断的使用原理,只需知道,检查单片机某些接口的某些标记位的状态(CPU 的执行速度很快,在每个机器周期都会这样的工作,所以可立即知道标记位的状态)可以确定是否发生"中断"。

例1 单片机中控制铃声,要求 1 ms 后响一次。

代码如下:

```
# include <reg51.h>
void init();
void timer0() interrupt 1 using 0;
sbit bell=P2^7;                    //响铃口
usigned int flag=0;               //全局变量,设置响铃标记,穿透主函数和中断
unsigned int myCount=0;           //全局变量,设置记数标记,穿透主函数和中断
int main()
{
    init();                        //初始化各标记位,并打开中断
    while(1)
    {
        if(flag==1)
        {
            bell=~bell;
        }
    }
    return 0;
}
```

```
    void init()
    {
        EA=1;                  //开总中断
        ET0=1;                 //定时器 0 中断允许
        TMOD=0x01;             //T0 为 16 位定时模式
        TH0=0x3C;              //设置定时器初值,为了中断 50 ms,即标记位
        TL0=0xB0;              //设置定时器初值,为了中断 50 ms,即标记位
        TR0=1;                 //开定时器 1
    }


    void timer0() interrupt 1 using 0
    {                          //中断函数,根据标记位设置,50 ms 调用一次
        myCount++;
        if(myCount==20)
        {                      //定时 1 s 时间到,50 ms 一个中断,20 次正好是 1 s
            flag=1;
            myCount=0;
        }
        else
        {
            flag=0;
        }
    }
```

程序解释:

timer0 是中断函数,也称为"中断服务子程序",在这个模块里改变的变量如果影响到外部模块,一般就可以使用全局变量。比如说,根据是否中断被调用 20 次(每次是 50 ms,合起来是 1 s)来得到 flag 的值,而这个值作为主模块是否响铃的标记。试想,如果这里的 flag 不设置成全局变量,中断函数怎么能够影响到其他模块呢? 要知道中断函数是不能够加输入参数和输出参数的。

这里说明,上述中断代码,为什么确保中断时间为 50 ms? 首先需明白何时发生中断,当标记位(由 TH0 和 TL0 组成)溢出的时候进入中断,即从 0xFFFF 变到 0x0000 时进入中断。标准 51 的晶振频率除以 12 就是计时器加 1 的频率,如果使用晶振频率 12 MHz 的晶体,那就是每隔 1 μs 计时器自动加 1,所以最大能计时的时间范围是从 0x0000 到 0xFFFF,也就是从 0 到 65535,约 65.5 ms。其次要设计每隔 50 ms 中断一次,正常情况下,65.5 ms 中断一次,但这并不满足要求,可以先将标记位设置成 15536,从 15536 变到 65536 正好是 50000 μs,即 50 ms 中断一次,然后在中断服务程序中给变量 myCount 加 1,等变量到 20,就证明到 1 s 了。

从 15536 取出高位和低位(即计算 50 ms)的公式如下:

TH0＝(65536−50000)/256;　　　　//换算成十六进制为 3C

TL0＝(65536−50000) % 256;　　　　//换算成十六进制为 B0

6.调试技术

在第 2 章"调试技术"中,当源码文件中模块和头文件中模块声明不匹配时,连接阶段会出错,主要指的是模块名不匹配。另外,在模块调用时,若传递的实参与形参不匹配,要么实参多,要么形参多,也会出错,这类错误属于编译错误。

(1)编译程序,错误信息 1

错误:error C2660:′fun′: function does not take 0 parameters

原因:参数传递时发生错误,fun 函数没有得到第 0 个参数,该传不传,如函数原型:void fun(int a),而调用的时候却是 fun()。注意:参数序号从 0 开始记,序号 0 实际表示第 1 个参数。

(2)编译程序,错误信息 2

错误:error C2660:′fun1′: function does not take 4 parameters

原因:参数传递时发生错误,可能有两种情况:第一,没有得到第 4 个参数,第 4 个参数值没有传递过去,属于该传不传(如函数原型:void fun(int a,int b,int c,int d,int e),但调用的时候是 fun(31,34,54,36),少传了一个值);第二,在实际调用函数的时候传递实参的个数 4 多于需要传递的形参,属于不该传却传了(如函数原型:void fun(int a),调用的时候却是 fun(31,34,54,36),传了 4 个值过去)。

小结:检查这类错误,一看是不是第 i 个实参有没有传过去,二看是否传多了,传了 i 个实参过去,实际不需要这么多。

3.3　思维训练题——自测练习

1.简答题

(1)一个变量的数据类型是小数类型,如何临时强制转化成整数类型?

(2)算术、关系、逻辑运算符哪一个优先级高?

(3)关系运算符主要有哪几种?

(4)字符常量与字符串常量在表达上有什么区别?

(5)使用模块一般要经历哪几个步骤?

(6)′a′与′\a′有何区别?′0′与′\0′有何区别?

(7)自定义模块(函数),不需要返回值,那么函数的类型用什么词来引导?

(8)如何知道一个变量在内存中分配几个存储单元?

(9)小数常量有哪两种表达方式?

(10)在 VC 编译环境下,int 型整数表示数的范围是多少?

(11)举例说明,一个整数如何取到最后一个数字和去除最后一个数字(提示:使用/和%两种算术运算符)。

2. 选择题

(1)下列( )不是C/C++的关键字。

　　(A)const　　　　　　(B)goto　　　　　　(C)sin　　　　　　(D)float

(2)下列( )是C/C++合法的自定义标识符。

　　(A)age 13　　　　　　(B)3test　　　　　　(C)a123　　　　　　(D)x＊y

(3)定义变量(或模块)时,在类型说明符与变量名(模块名)之间分隔的符号是( )。

　　(A)空格　　　　　　(B)分号　　　　　　(C)逗号　　　　　　(D)//

(4)数学运算符中％的用法要求是( )。

　　(A)参与运算的两个数都是整数　　　　　　(B)都是小数

　　(C)一个整数和一个小数　　　　　　(D)以上均不正确

(5)i＝8;j＝9;k＝(＋＋i)＋(＋＋j)的结果是( )。

　　(A)18　　　　　　(B)19　　　　　　(C)20　　　　　　(D)21

(6)字符'0'的 ASCII 码是( )。

　　(A)0　　　　　　(B)48　　　　　　(C)\0　　　　　　(D)97

(7)已知:int a＝1,b＝5; float x＝70,y＝35;表达式 int(a/2＋y＋b)＋x 的值是( )。

　　(A)110　　　　　　(B)110.5　　　　　　(C)111　　　　　　(D)70

(8)表示一个班所有同学的分数应使用的数据类型是( )。

　　(A)小数数组　　　　　　(B)整数　　　　　　(C)字符数组　　　　　　(D)结构体

(9)如果有一个变量能够在很多模块里使用,这个变量是( )。

　　(A)全局变量　　　　　　(B)局部变量　　　　　　(C)内部变量　　　　　　(D)静态变量

(10)多个运算符结合在一起,在决定运算顺序的时候,要参考的指标按顺序是( )。

　　(A)优先级、结合性、顺序性　　　　　　(B)结合性、顺序性、优先级

　　(C)优先级、顺序性、结合性　　　　　　(D)结合性、优先级、顺序性

(11)8％12 与 12％8 的结果分别是( )。

　　(A)8　　4　　　　　　(B)4　　8　　　　　　(C)0　　4　　　　　　(D)4　　0

3. 计算题

(1)已知:$x＝25,a＝7,y＝47$, 求 x＋a％3＊(int)(x＋y)％2/4 的值。

(2)已知:$a＝2,b＝3,x＝35,y＝25$,求(float)(a＋b)/2＋(int)x％(int)y 的值。

(3)已知:$i＝8,j＝9$,求 k＝(i＋＋)＋(＋＋j)的值。

[解答部分]

[问题罗列]

4. 读程序，写结果

①根据下面的代码，写出运行结果；②思考原因，swap 模块中 a,b 的改变为什么没有影响到主模块中 a,b 的值；③return a,b 的初衷是什么？效果如何？④改造 swap，在此模块内输出交换的结果。

```cpp
# include <iostream.h>
int swap(int a,int b);
int main()
{
    int a,b;
    cin>>a>>b;                    //输入 3 4
    a,b=swap(a,b);
    cout<<a<<b<<endl;            //结果？
    return 0;
}
int swap(int a,int b)
{
    int temp;
    temp=a;a=b;b=temp;
    return a,b;
}
```

思考：如何将 swap 模块中 a,b 的变化影响至主模块中 a,b?

5. 画图题

根据下面给定的条件画出相应的模块结构图，并给出相应的模块表达式。

(1)模块功能：根据给定的两个整数和一个运算符，返回计算结果。

(2)模块功能：根据给定的两个整数和一个运算符，在模块内计算结果。

(3)模块功能：在模块内输入两个整数和一个运算符，返回计算结果。

(4)模块功能：在模块内输入两个整数和一个运算符，在模块内计算结果。

(5)模块功能：已知模块图如下，请给出相应的模块表达式。

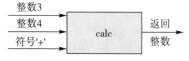

(6)模块功能：根据给定的字符，判断其是否是英文字符，返回真或假。

(7)模块功能：根据给定的字符，判断其是否是数字字符，返回 0 或 1。

(8)模块功能：显示欢迎信息。

(9)模块功能：在模块内提供菜单选择项，选择某项功能后返回选项值（如返回 1 或 2 等）。

(10)模块功能：将给定的一个字符串转成小数。

6. 编程题（同型基础）

编写模块，将 'c'、'h'、'i'、'n'、'a' 这 5 个小写字母转成大字字母并且显示。

［模块设计］

［问题罗列］

7. 编程题（同型基础）

编写模块，在模块内输入 3 个小数并排序显示。

［模块设计］

［问题罗列］

3.4　思维训练题——答辩练习

8. 编程题（变式答辩）

编写模块，根据给定的 5 个字符，将每个字母转换成这个字母后面的第 5 个字符，并在模块内部显示出来。如给定 'C'、'H'、'I'、'N'、'A'，转化后的字符是 'H'、'M'、'N'、'S'、'F'。

［模块设计］

［问题罗列］

9.编程题（变式答辩）

编写自定义模块 calc,根据给定的两个整数和一个符号（＋或者－），返回运算结果,并编写 main 模块测试 calc 模块。

提示:模型结构如下：

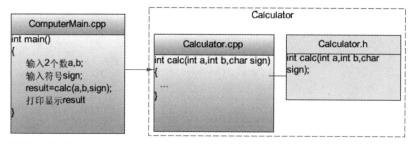

[模块设计]

[问题罗列]

3.5　思维训练题——阅读提高

10.编程题（提高初级）

编写一个模块,根据一个给定的字符返回其之后的第5个字符。

[模块设计]

[问题罗列]

11. 阅读题（提高初级）

用一个字符变量表达单片机控制的 8 盏灯状态，如 char c＝0x84；s 的二进制为 1000 0100，表示有第 8 个和第 3 个灯亮（从左向右看灯号），现在要改变某灯的状态，比如让第 3 个灯灭，方法是：c^0x04；因为转成二进制后，c^0x04 即为 1000 0100^0000 0100，按异或规则：遇 0 不变，遇 1 取反。则结果应该是 1000 0000（转成无符号 10 进制是 128），可以看到最后结果是第 3 盏灯改变了状态，从亮到灭。

现在要求编写一个模块 changNLamp，要求根据给定的灯的状态字符 c 和需要改变的灯状态的位置 pos，改变灯的状态。

changNLamp 模块代码	main 主模块

har changNLamp(char c,int pos)
{
　　char i＝1；
　　i＝i＜＜pos－1；
　　c＝c^i；
　　return c；
}
	int main()
	{
	　　unsigned char c；int pos；
	　　c＝0x84；pos＝3；
	　　c＝changNLamp(c,pos)；
	　　printf("c is:%d\n",c)；　　//结果 128
	}

上述编写 changNLamp 代码的关键是找到一个异或的数，即从右向左看第 3 位是 1，而其他位全是 0 的数。解决办法是：统一使用 0000 0001 即 1 左移，如果改变第 3 盏灯的状态，左移 2 位，即得 0000 0100，这个数才是符合要求的，即将被异或的数。另外，可参考第 4 章 "阅读提高"第 12 题，将最新的状态 c 以 2 进制方式显示出来。

12. 编程题（提高中级）

编写一个模块，根据给定的一个英文字母，返回其后的第 5 个字母，如果得到的字母超过 26 个字母最后一个字母，则从头开始求返回来的字母。例如，若给定的字母是'z'，则到的新字母是'e'，若给定的字母是'Z'，则到的新字母是'E'。

解决思路 1：如果给定的是落在 a 和 z 之间的字母，判断其后第 5 个字母是否超过 z，根据具体情况返回；否则（也就是落在 A 和 Z 之间），判断其后第 5 个字母是否超过 Z，根据具体情况返回。

解决思路 2：先将给定字母＋5，然后判断，如果是字母，则返回，否则－26。

[模块设计]

[问题罗列]

13.编程题(提高中级)

电信营业厅推出一项业务,预存5.8万,可以免费得到一部 iPhone 手机(价值人民币4000 元),一年后返还5.8万。请问这项业务对个人用户是否有利,对电信公司是否有利? 若是此项业务对电信公司不利,那电信公司如何盈利。

表1 个人存款

存款数额	一年期
5 万以下	4%
5 万~10 万	5%
10 万~50 万	5.5%
50 万~100 万	5.6%
100 万~1000 万	5.8%

表2 公司贷款

贷款数额	一年期
5 万以下	5%
5 万~10 万	5.3%
10 万~50 万	6.3%
50 万~100 万	7.2%
100 万~1000 万	7.5%

提示:

对个人是否有利:主要看一年的存款利息是否到 4000 元。

对公司是否有利:主要看一年的贷款利息是否到 4000 元。

对公司是否有利的关键点在于得到更多的本金后,按更高的利息贷出去,所以要解决取得多少本金后,放贷才最有利。也就是说要找到赢利的最小本金(最少的人数)。

3.6 上机实验

[实验题目]

①编写程序:设银行定期存款的年利率为 $rate$,并已知存款期为 n 年,存款本金为 $principal$ 元,试编程计算本利之和 $deposit$。

②编写程序:将'c'、'h'、'i'、'n'、'a'这 5 个小写字符转变成大写字母,并显示出来。

[实验要求]

①将求本利之和的过程单独编写成一个模块(如模块名为 getDeposit)。

②将 5 个字符,需要转化并显示单独编写成一个模块(如模块名为 lower2Upper)。

[实验提示]

①存款本利之和有一个数学公式：$total = principal * (1 + rate)^n$，根据这个公式就可以推出本利之和。幂次函数格式是 $pow(x, n)$，表示求 x 的 n 次方，使用此函数时要在前面加上头文件 math. h，即 ♯include ＜math. h＞。第 1 题参考模型图如下：

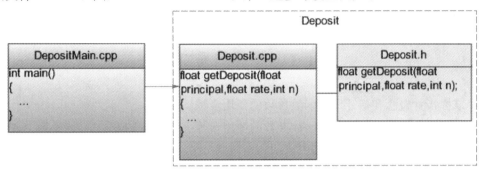

②大小字母的 ASCII 码相差 32。

[实验思考]

①定义变量名和函数名时，应遵循的原则是什么？

②多文件编写一个程序，把不同的模块（指函数）放在不同文件里组织，便于管理，但如果一个源码文件中模块要使用另一个源码文件定义的模块，如何引用？

③函数的实参和形参有何不同？

④两个函数之间怎样完成数据的交换？

第 4 章 高级数据类型

4.1　目标与要求

➢ 掌握指针概念和指针作为函数参数的使用步骤。

➢ 掌握引用概念和引用作为函数参数的使用步骤。

➢ 掌握局部变量、全局变量的生成期和作用域。

➢ 了解用 static 关键字扩展生存期和限制作用域。

➢ 初步掌握全局变量作用域的扩展方法和扩展技巧。

4.2　解释与扩展

1. void 写还是不写*

这里需要认识参数表中写 void 与不写 void 的区别，一般认为不写参数就是传入参数为空，等同于写 void，即：返回类型 xxx(void)等价于返回类型 xxx()。果真是这样吗？请看下面两个模块，main 模块调用了 fun 模块：

```
int fun(){return 1; }

int main(){int result;result＝fun(100);cout＜＜result;return 0;}
```

这是一个非常简单的程序，主模块里调用了 fun，这似乎是不合法的，在 VC 编译器里确实也是通不过的，但如果换一种编译器，比如说 tc2.0，就能够通过，并且打印出的结果是 1。从 fun 的定义看出其本意是不要输入参数的，但调用的时候无故（可能是过失）代入 100，事实上，大多数情况下发生的错误是我们无法察觉的，错误是难免的，关键要有一种方法来即时发现出错，规范行为就是检查错误的最好方法。

在上面的例子中，fun 既然不需要输入参数，定义时在形参位置上就应规范地加上 void，代码如下：

```
int fun(void){return 1; }

int main(){int result;result＝fun(100);cout＜＜result;}
```

这样，不管使用何种编译器，都会立即指出这种错误，调用 fun 的时候给出额外的参数值提示，根据提示，不难找出出错原因。

实际上，参数表如果不写 void，其真实的含义是可以传入多个不确定的参数之意，所以请注意，如果确定不需要传参，请在参数表里写上 void。

2. 使用外部静态变量的好处

外部静态变量是为一个文件里所有的模块故意留下的一个变量，只要进入这个文件的任意一个模块,就可以享受到这个变量带来的好处。

比如,建立一个"学生成绩管理系统",将所有对学生 score、name 的操作模块"添加"、"显示"等归属 ScoreManager. cpp 文件,针对 score、name 的操作,我们完全有理由提出下面的要求:

第一,只有进入 ScoreManager. cpp 文件中才可以操作这些数据。

第二,score、name 绝不能在某个操作模块后就从内存消失,别的操作模块应可继续使用,比如说"添加"模块添加 score、name 后,"显示"模块应该可以显示 score、name。

第三,不在这个 ScoreManager. cpp 文件里的模块就不能够使用 score、name 数据。对 score、name 的这些合理要求,在 ScoreManager. cpp 文件中将 score、name 定义成外部静态变量是合适的。

3. 最新C/C++标准和支持的编译器环境

ISO(International Organization for Standardization)正式公布 C 语言新的国际标准草案。新标准简称 C11,提高了对C++的兼容性,并将新的特性增加到 C 语言中。新功能包括支持多线程,支持 Unicode,提供更多用于查询浮点数类型特性的宏定义和静态声明功能。GCC(GCC 4 以上版本,包括 Linux 平台下的 GCC,以及 Windows 平台下的 GCC 衍生版 MinGW)和其他一些商业编译器(如 Borland C++)支持 C99 的大部分特性,而微软的 Visual C++编译器对 C99 的支持不够。

ISO 委员会正式公布C++新标准将被称为C++2011。新标准中,核心语言的领域将被大幅改善,包括多线程支持、泛型编程、统一的初始化,以及表现的加强。目前,GCC(GCC 4 以上版本,同上)和 Visual C++编译器(Visual C++2010 以上版)都对C++2011 支持。

4.3　思维训练题——自测练习

1. 简答题

(1)指针作为参数进行传递的目的是什么?

(2)指针作为参数进行地址传递的一般步骤是什么?

(3)如何知道存放一个地址的指针变量占多大的空间?

(4)定义一个指针变量之初,指针变量里存放什么数据?

(5)一个整型指针变量 p 在定义之后,能不能将一个具体的已被编译器分配好的地址,如 0x0012ff7c(一个十六进制的地址数值)直接赋值给 p? 如果不能直接赋值,能不能用强制转化的方式进行赋值?

(6)指针变量自增之后的含义是什么?

```
char *pC;int *pI;
pC++;
pI++;
```

(7)static 对局部变量和全局变量的影响有哪些?

(8)不同类型的指针如何相互转化?

(9)哪些地址空间可用?

(10)"int a, *p＝&a;"与"int a, *p; p＝&a;"两种写法正确吗?

2.选择题

(1)以下( )不是 & 运算符的作用。

(A)取地址运算   (B)引用型变量的定义标志

(C)指向运算   (D)位运算符中的"与"运算

(2)以下对函数的描述,错误的是( )。

(A)调用函数时,实参可以是常量、表达式

(B)调用函数时,将为形参分配内存单元

(C)调用函数时,实参与形参个数必须相同

(D)调用函数时,形参可以是常量

(3)下面( )语句是将指针 p 所指向变量的内容赋值给普通变量 result。

(A)result= *p;   (B)p= * result;   (C)result=p;   (D)p=result;

(4)若函数的原型是:void myFun(int x){…},则这个函数表达了( )。

(A)这个函数无返回值   (B)这个函数写法有误

(C)这个函数无 return 语句   (D)输入参数为空

(5)getValue 函数代码如下,最后的返回结果是( )。

```
int getValue()
{
    return 34.2;
}
```

(A)342   (B)34   (C)程序出错   (D)无法判断

(6)以下代码的执行结果是( )。

```
int main()
{
    char *pC;
    pC=100;
    cout<<pC;
    return 0;
}
```

(A)100   (B)不确定   (C)程序出错   (D)0

(7)以下代码的执行结果是( )

```
int main()
{
    char *pC;
    *pC=100;
    cout<<pC;
    return 0;
}
```

(A)100   (B)不确定   (C)程序出错   (D)0

(8)在一个模块的内部定义了一个变量,如果出了这个模块还要用,这种情况会发生在( )类型的变量上。

　　(A)static　　　　　　(B)auto　　　　　　(C)绝对不可能　　　　(D)external

(9)扩展全局变量作用域要使用( )关键字。

　　(A)static　　　　　　(B)auto　　　　　　(C)绝对不可能　　　　(D)extern

(10)下面的模块如果被执行了 3 次,则静态变量 a 的值是( )。

```
void staticTest()
{
    static int a=1;
    a=a+10;
}
```

(A)3　　　　　　　　(B)11　　　　　　　　(C)30　　　　　　　　(D)31

3.判断题

(1)& 既是取地址运算符、引用标记符,又是位运算符。　　　　　　　　　　　　( )

(2)一个函数如果有 2 个返回值,只要加 2 条 return 语句即可。　　　　　　　　( )

(3)执行以下语句"int a=15, *p=&a;"后,变量 p 的值是 15。　　　　　　　　( )

(4)语句"int a=15, *p=&a;"相当于"int a, *p;a=15;p=&a"。　　　　　　　( )

(5)一个变量的别名可以任意指定,但不能用一个已经定义过的别名。　　　　　( )

(6)将一个变量的地址(指针)作为函数的参数的好处在于,能够取得对这个变量的控制权,从而用间接方式改变这个变量的内容。　　　　　　　　　　　　　　　　( )

(7)将一个变量的地址(指针)作为函数的参数的好处在于,能够取得对这个变量的控制权,从而用间接方式改变这个变量的内容,甚至还可以改变这个变量的地址。　　( )

(8)变量相当于容器,容器里放的是数,而这个容器所在的位置就是地址。　　　( )

(9)不管是什么样基本数据类型的地址,如整数的地址、小数的地址、字符的地址等,VC 编译器中都分配 4 个字节的空间,这一点可以通过 sizeof(数据类型)来得到验证,即:sizeof(int)、sizeof(float)、sizeof(char)的结果都是 4。　　　　　　　　　　　　　( )

(10)通过运算符 new 申请一段空间后,返回的是一个地址,而且这个地址是有类型的,比如说,new int 返回的就是整数指针,new float 返回的就是小数指针等。　　　　( )

4.画图题

根据下面给定的条件画出相应的模块结构图,并给出相应的模块表达式。

(1)模块功能:根据给定的两个字符,返回字符的比较结果(整数)。

(2)模块功能:根据给定的年份、月数,返回该月的天数。

(3)模块功能:根据给定的 3 个整数,编写模块在模块内部完成排序。

(4)模块功能:根据给定的 3 个整数,编写模块排序并返回结果。

(5)模块功能:从一个给定的文件中读 2 个字符,成功读取返回 true,否则返回 false。

5.编程题(同型基础)

编写一个模块用指针的方式求 2 个小数的较大数和较小数。

50

提示:用指针方式只需要写一个模块即可。

[模块设计]

[问题罗列]

6. 编程题（变式基础）

编写两个模块,分别求 3 个整数的最大数和最小数,并编写主模块测试。

技术要求:编写两个模块(用 return)分别得到最大数和最小数。

[模块设计]

[模型设计]

[问题罗列]

7. 编程题（变式基础）

编写一个模块,求 3 个整数的最大数和最小数,并编写主模块测试。

技术要求:用指针(地址)作参数,然后在自定义模块里用间接操作的方式来改变主模块中的最大数和最小数。

[模块设计]

[模型设计]

［问题罗列］

8.编程题（变式基础）

编写一个模块,求 3 个整数的最大数和最小数,并编写主模块测试。

技术要求:用引用变量作参数,然后在子模块里用直接修改引用变量值的方法来改变主模块中的最大数和最小数。

［模块设计］

［模型设计］

［问题罗列］

4.4 思维训练题——答辩练习

9.编程题（变式答辩）

编写两个模块,分别求 3 个整数的最大数和最小数,并编写主模块测试。

技术要求:编写 2 个函数(用 return)分别得到最大数和最小数。

［模块设计］

［模型设计］

［问题罗列］

10. 编程题（变式答辩）

编写一个模块,求 3 个整数的最大数和最小数,并编写主模块测试。

技术要求:用指针(地址)作参数,然后在自定义模块里用间接操作的方式来改变主函数中的最大数和最小数。

［模块设计］

［模型设计］

［问题罗列］

11. 编程题（变式答辩）

编写一个模块,求 3 个整数的最大数和最小数,并编写主模块测试。

技术要求:用引用变量做参数,然后在子模块里用直接修改引用变量的值的方法来改变主函数中的最大数和最小数。

［模块设计］

［模型设计］

［问题罗列］

12. 编程题（变式答辩）

编写模块:将给定的 3 个整数变量按从小到大排序,并将排序结果返回至调用模块。

提示:参考主教材例 3.6 中自定义模块 sort,在模块内部完成对 3 个整数变量的排序;参考教材例 4.3,在模块间通过地址的传递,间接操作改变变量值。

［模块设计］

［问题罗列］

13. 编程题（变式答辩）

编写程序：将给定的 3 个整数变量按从小到大的顺序排序。

界面要求：

```
* * * * * * * * * * * * * * * * * * * * * * * * * * * * * * * * * * * *
*                      欢迎使用本程序                                  *
*                 本程序是将 3 个整数进行排序                          *
*                        作者:李祎                                     *
* * * * * * * * * * * * * * * * * * * * * * * * * * * * * * * * * * * *
```

请输入 3 个整数：3 9 7

排序后的结果是：3 7 9

```
* * * * * * * * * * * * * * * * * * * * * * * * * * * * * * * * * * * *
*             谢谢您使用本程序,请提出宝贵意见                          *
* * * * * * * * * * * * * * * * * * * * * * * * * * * * * * * * * * * *
```

技术要求：界面上部的欢迎部分，需自定义模块 welcome 来实现。界面中部的排序部分，需自定义模块 sort 来实现。界面下部的谢谢部分，需自定义模块 quit 实现。

提示：welcome 模块和 quit 模块表达的是两段简单的文字提示，可归属于 Menu。

［模块设计］

［模型设计］

［问题罗列］

4.5 思维训练题——阅读提高

14. 编程题（提高初级）

编写模块：在模块内部输入一个 3 位整数，得到其每位数据并反序输出。

［模块设计］

［问题罗列］

15. 编程题（提高中级）

编写模块：根据给定的一个字符，在模块内部显示各二进制位。

提示：使用位运算符实现。

［模块设计］

［问题罗列］

4.6 上 机 实 验

［实验题目］

编写程序：输入 3 个整数，按从大到小排序。

程序界面如下：

```
*********************************************************
*                    欢迎使用本程序                      *
*                 本程序是将 3 个整数进行排序              *
*                      作者:李祎                         *
*********************************************************
请输入 3 个整数:3 9 7
排序后的结果是:9 7 3
```

[实验要求]

①使用多文件模型结构完成,画出模型结构图。

②界面部分需要定义欢迎模块,格式为:void welcome(void)。

③排序部分需要自定义 sort 模块,模块的参数必须设置成指针形式,也就是说 3 个整数变量的输入在主模块 main 里完成,然后将 3 个地址传递给形参,在 sort 模块内部用间接方式完成 3 个整数变量的排序,并在主模块里验证。模块格式为:void sort(int *pA,int *pB,int *pC)。

[实验提示]

1. 原理提示

(1)指针就是地址,是内存中某一个单元的号码(房间号),C++中不管是变量、常量还是函数的存放,都是从某个具体的地址开始存放。

(2)存放地址的变量叫指针变量。不同类型数据的地址用不同类型的指针变量来保存。比如说,存放整数地址,定义的时候就要用整数型的指针变量,存入小数地址定义的时候就要用小数型的指针变量,绝对不能混用。

(3)用地址作函数参数的目的是把变量的地址(钥匙)交给另一个环境,在另一个环境里通过间接的方式操作这个变量,这样做的好处是非常明显的,它解决了两个陌生环境针对一个相同的地址空间进行操作的问题。我们知道模块具有封闭性,两个环境是完全隔离的,但通过地址传递的方式,可达到在被调用模块里操作调用模块里变量的目的。这样做还有另外一个好处,原来无法解决的问题也能够得到解决,那就是如果要求被调用模块同时返回两个以上的值,那么通过 return 无法解决(因为只能用一个 return),但现在可以解决;如果传两个以上变量的地址,就可以在被调用模块里改变两个以上的变量的值。

2. 步骤提示

①建立工程文件。

②建立主程序文件。

③建立两个自定义模块的归属文件。

④编写相应代码。

3. 参考模型图

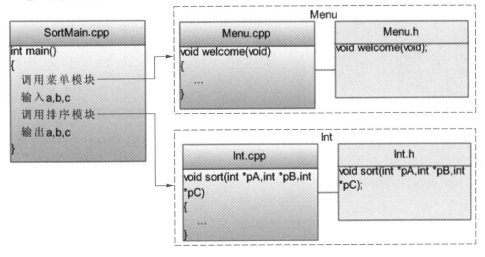

[**实验思考**]

①本实验要求使用指针作参数来制作 sort,如果使用引用作参数,代码如何调整?

②两个自定义模块为何要归属于两个不同的类别?

③sort 模块涉及两个变量的交换,能否使用教材中定义的 swap 模块?

④本实验编写 sort 模块对 3 个整数排序(按从大到小),与答辩题第 10 题的 sort 模块对 3 个整数排序(按从小到大),在代码中如何体现区别?

结构编程之顺序与选择

5.1 目标与要求

➤ 了解结构编程的特点。
➤ 掌握如何输入、输出(顺序结构的主要内容)。
➤ 掌握选择环境的确定和选择语句的使用(选择结构的主要内容)。
➤ 进一步加深对函数的认识,较熟练地使用函数编写较大的程序。
➤ 初步掌握建立自定义库的方法。

5.2 解释与扩展

1.求一元二次方程所有根的思路

①通过返回值得到根的状态:返回值 0、1、2 分别代表相等实根、不相等实根和两个虚根。根据返回值的状态值,在主模块中判断输出不同的根值。

②通过参数表的出口参数得到根值:出口参数用指针变量 pRoot1、pRoot2 表示。在模块中计算 $\Delta = 0$,则返回 0,*pRoot1 或 *pRoot2 均可表根;$\Delta > 0$,则返回 1,*pRoot1、*pRoot2分别代表其中一实根;$\Delta < 0$,则返回 2,*pRoot1、*pRoot2 分别代表实部和虚部。

③模块结构如下:int setRoot (int a,int b,int c,float *pRoot1, float *pRoot2)。

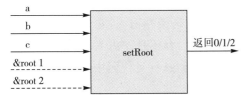

2.Windows 平台下密码输入

Windows 平台提供了 getch 函数可输入一个字符,它是非缓冲输入,且输入的字符不显示,利用这点可以实现密码输入。代码如下:

```
int main()
{
    char ch;
    ch=getch();
    printf("*");
    return 0;
}
```

这样,用 getch 输入一个字符被赋给 ch,但显示出来的却是"＊",有效地阻止了密码的泄露。当然这里只是输入一个字符,真正的密码应该是多个字符组织在一起的字符串,学习完下一章"循环"后,大家可以使用循环的方式尝试输入多个密码字符。

3. scanf 的"控制格式"与对应的键盘输入类型不匹配问题

用 scanf 进行输入时,要确保"格式控制符"与具体的键盘输入数据对应,否则会读入失败,严重时可能导致程序崩溃。下面的代码,原意是输入整数,但不小心写成输入字符 a,故而导致出错。

程序代码	程序分析

```c\n#include <stdio.h>\nint main()\n{\n int i,retVal;\n char ch;\n printf("请输入数据:");\n retVal=scanf("%d",&i); //输入字符 a\n\n printf("scanf 返回:%d,",retVal); //结果是 0\n printf("此时 i 的值是:%d\\n",i); //结果是随机数\n //间隔\n retVal=scanf("%c",&ch); //输入\n printf("scanf 返回:%d,",retVal); //结果是 1\n\n printf("此时 ch 的值是:%c\\n",ch); //结果是 a\n return 0;\n}\n```	//第 1 层,从键盘错输成字符
	针对 i,原本应该输入整数,这里却实际输入字符 a
	输入不恰当数据后,从缓冲区读不到数据,scanf 返回 0
	因为 i 没有接到数据,所以显示还是一个随机值
	
	//第 2 层,从缓冲区里主动读字符
	没有从键盘输入字符,直接读取缓冲区里的字符 a
	因上句直接读取缓冲区中字符 a 成功,scanf 返回 1
	结论:第 1 层输入的字符 a,被第 2 层 ch 自动接收,故打印 ch,则显示 a

上面代码应注意两点:第一,可看出 scanf 函数的返回值是成功读取数据的个数,若读取不成功,则返回 0(见代码中方框所示);第二,因为 scanf 是缓冲输入,它只从缓冲区里读数据(缓冲区里没有数据时,才要求从键盘上输入,但输入内容还是先进入了缓冲区),除非读取成功(被读出了),否则(没有读出)下一次再遇到读入函数时(见代码中方框所示),会主动从缓冲区处读数据,这就可能造成错误。

为了保证 scanf 每次输入数据都成功,可主动检测其返回值是否为预计输入的数据个数,若个数不对,则表示不成功,可将缓冲区清除后再次输入。上面代码在 //间隔处加代码 fflush(stdin);然后将间隔处上方加粗 4 行代码拷贝一份放在fflush(stdin);之下,运行结果如下:

运行结果	分析
```\n请输入数据:a\nscanf返回:0,此时i的值是:-858993460\n请输入数据:33\nscanf返回:1,此时i的值是:33\nscanf返回:1,此时ch的值是:\nPress any key to continue\n```	因为 fflush(stdin);清除了缓冲区,故再次执行 4 行代码时要求输入,此时输入 33 符合要求,所以 scanf 读取成功,返回 1,i 的值是 33。 奇妙的是上述代码中斜体一行代码也读取成功了,scanf 返回 1,而读到 ch 的值是一个换行符(不可见)。这是什么原因呢? 因为上面成功读入 33 时,缓冲区中还有一个回车换行符(注意仅有一个字符),斜体一行代码要求读入一个字符,正好读入此字符。解决办法是新读字符前再加一个fflush(stdin);或用其他方法,详细请看下面第 4 点或第 5 点

4. 清除缓冲输入函数的回车换行符（1）

连续两次缓冲输入，而第 2 次欲输入一个字符时，可在中间加入清除缓冲。

代码 1，不清除输入缓冲，得不到正确结果	代码 1，清除输入缓冲，得到正确结果

``c
# include <stdio. h> 	
int main( )
{
    int a;char c;
    scanf("%d",&a);   //输入 1
 	
    scanf("%c",&c);   //输入 2
    cout<<"resutl is:"<<a<<c;
    return 0;
}```
	``c
	# include <stdio. h>
	int main( )
	{
	    int a;char c;
	    scanf("%d",&a); //输入 1
	    fflush(stdin); //中间清除缓冲
	    scanf("%c",&c); //输入 2
	    cout<<"resutl is:"<<a<<c;
	    return 0;
	}```

运行结果:输入整数进入 a 后，程序结束	运行结果:可以输入整数和字符。

5. 清除缓冲输入函数的回车换行符（2）

连续两次缓冲输入，而第 2 次欲输入一个字符时，可想办法跳过上次的回车换行符。

方法一	方法二

``c
# include <stdio. h> 	
int main()
{
    char ch,ch2;
    scanf("%c",&ch);
    printf("ch is:%c\n",ch);
 	
    scanf("%c",&ch2);   //输入字符时前加空格
    printf("ch2 is:%c",ch2);
    return 0;
}```
	``c
	# include <stdio. h>
	int main()
	{
	    char ch,ch2;
	    scanf("%c",&ch);
	    printf("ch is:%c\n",ch);
	    getchar(); //跳过,空读一次
	    scanf("%c",&ch2);
	    printf("ch2 is:%c",ch2);
	    return 0;
	}```

上述方法一的 scanf 输入字符时加了一个空格，表示跳过缓冲区里的回车、空格、TAB 键，这样就可从键盘上输入字符了。

结论:在输入单独一个字符时，跳过缓冲中的字符，避免接收到错误数据而出错。

6. cout 输出时的左右对齐控制

经常需要对一批小数的输出进行格式上的控制，比如说设置成左对齐、右对齐、小数点位对齐等，使用控制符就能很容易地达到要求。

左对齐方法:先设置左对齐方式 setiosflags(ios::left)，再设置显示宽度 setw。

右对齐方法:先设置右对齐方式 setiosflags(ios::right)，再设置显示宽度 setw。

小数点对齐:各小数的小数位数可能不同，要想小数点对齐，先设置 setiosflags(ios::

fixed)表示定点输出,然后用 setprecision(n)中的 n 表示小数点后显示的位数,最后用 setw
来设置每个小数的显示宽度即可。

	左对齐	右对齐	小数点对齐(默认居右)

代码	float a,b,c,d,e,f;
	a=1.23;b=2.345;c=33.3344;
	d=42.334;e=588.179;f=6.2;
	cout<<setiosflags(ios::left);
	cout<<setw(10)<<a;
	cout<<setw(10)<<b;
	cout<<setw(10)<<c<<endl;
	cout<<setw(10)<<d;
	cout<<setw(10)<<e;
	cout<<setw(10)<<f<<endl;
		float a,b,c,d,e,f;
		a=1.23;b=2.345;c=33.3344;
		d=42.334;e=588.179;f=6.2;
		cout<<setiosflags(ios::right);
		cout<<setw(10)<<a;
		cout<<setw(10)<<b;
		cout<<setw(10)<<c<<endl;
		cout<<setw(10)<<d;
		cout<<setw(10)<<e;
		cout<<setw(10)<<f<<endl;
			float a,b,c,d,e,f;
			a=1.23;b=2.345;c=33.3344;
			d=42.334;e=588.179;f=6.2;
			cout<<setiosflags(ios::fixed);
			cout<<setprecision(3);
			cout<<setw(10)<<a;
			cout<<setw(10)<<b;
			cout<<setw(10)<<c<<endl;
			cout<<setw(10)<<d;
			cout<<setw(10)<<e;
			cout<<setw(10)<<f<<endl;

结果	1.23 2.345 33.3344
	42.334 588.179 6.2
		1.23 2.345 33.3344
		  42.334 588.179 6.2
			1.230 2.345 33.334
			  42.334 588.179 6.200

从上面格式代码和显示结果看,左对齐、右对齐、小数点对齐的控制等只要设置一次即
可,而显示的宽度每次在显示数据的时候都要重新设置。

7.统一规划自定义函数库*

(1)制订统一的自定义库

专门设计一个目录库 mylib,在这个目录库里放 Int 或者 Menu 等这样的归属类别。对
于今后遇到的新归属也可以直接建立在 mylib 目录中。如下图所示:

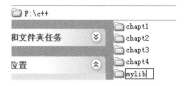

(2)使用自定义库方法

编写新项目需要使用共享归属文件,可从共享目录中直接调取,具体步骤如下:

①设置环境(基于 VC 6.0)。选择菜单 Tools→Options,弹出如下窗口,选择其中
Directories 标签,并添加头文件所在目录为:F:\C++\MYLIB。

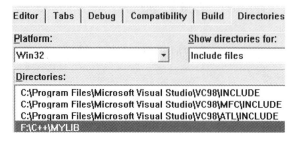

②引入共享库里的归属文件。在新建项目中,右击项目名,弹出快捷菜单,选择 Add

Files to Project,引入共享目录mylib中所需要的归属文件引入即可(如引入 Int. cpp 和 Int. h),界面如下:

③使用函数前加声明。使用共享库里某归属中已定义好的模块,需声明,声明方式如:♯include ＜Int. h＞或♯indude"Int. h"。

当然也可以向这个归属添加更多的模块。随着程序的不断开发,Int 归属所包含的模块越来越多,今后的程序开发会越来越简单。

注意:如果只是引用库里的归属文件,而不需要修改其内容,就不需要添加文件到项目里来(无需②)。

(3)使用注意

①记住共享库在 VC6 运行环境中设置,换机器开发时,必须记住将这个目录拷贝带走,并在另外的机器上进行同样的环境设置。

②如果共享库里没有需要的归属,那就在自己的项目里新建归属(如 Array 归属,包括 Array. cpp 和 Array. h 两个文件),编译正常之后,再另存到你的库目录里即可。当然,也可以将归属直接建立在共享库目录中。

8. 项目内文件的精确分类*

(1)不同类型的文件放入不同的文件夹中

对于初学者来说,最重要的文件是. cpp 和. h 文件。除了上述的两种文件之外,还可能有其他类型文件,如可执行文件、日志文件、数据文件等,如果这些文件都直接放在项目 XXXProj 目录下就会非常混乱,通常的做法是将每类文件都单独建立一个文件夹,将相应的文件放入其中。如下表所列:

文件类型	项目下建立的子文件夹名
可执行文件	Debug 或 Release,系统自动生成此目录
源码文件	Src
头文件	Include
数据文件	Date
库文件	Lib
配置文件	Cfg
日志文件	Log
资源文件	Res

这些子目录在某些 IDE 中会自动生成,但 VC6 没有这种功能,需要手动建立。

(2)建立步骤

首先,在 VC6 中建立项目,如项目名为:XXXProj,自动生成项目文件夹 XXXProj。

其次,在 XXXProj 下手动产生 Src、Data、Include 子目录。

最后,建立新文件时,文件的定位要与本项目下的相应子目录对应,比如:要建立 XXXMain. cpp 文件,就将目录定位于 C:\XXXProj\Src,如下图所示:

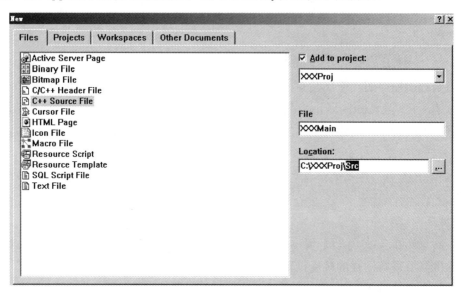

XXXMain. cpp 存放在子目录 Src,按同样方法可将 h 文件置放于 Include 目录等。

(3)调用头文件

对于建立在项目目录下子目录里的头文件的调用,要写清楚调用路径,格式为…\子目录名\头文件,或\子目录名\头文件,代码如下:

```
#include <iostream.h>
#include "...\include\Int.h" //或 #include "include\Int.h"
int main()
{
    int a,b,max;
    cin>>a>>b;
    max=getMax(a,b);
    cout<<max;
    return 0;
}
```

注意:#include "头文件",表明加载头文件的时候先从本项目目录下找并加载,找不到时,可从系统规定的目录里找并加载。#include <头文件>,表明加载头文件的时候直接从系统规定的目录里找并加载。系统规定的目录在 VC 安装时确定,可以在环境设置里查看并调整。

9. 流程图的绘制工具

绘制流程图,可借助的软件很多,如 Microsoft Office Visio、Diagram Designer、亿图等,

这些制作工具通过提供的有向连接线将各元素的表达图形连接起来,下图展现的是 Visio 制作流程图界面。

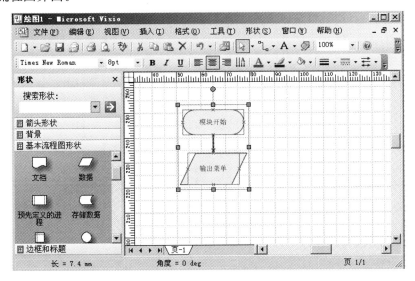

5.3 思 维 训 练 题——自 测 练 习

1. 简答题

(1)在被调用模块里改变调用模块中变量的值有哪 3 种方法?

(2)"自顶而下、逐步求精"反映的是设计思路,"模块设计、结构编程"反映的是实现思路。"模块设计"具体指什么?"结构编程"具体指什么?

(3)if/else、if/elseif/…/else 与 switch 都是用于多分支的判断,那么它们的用法有何区别?

(4)* 给定的一批小数(如 3.14、5.9、66.1678),如何控制它们按以下固定的格式显示。

右对齐	小数点对齐(小数位数均 2 位)
3.14	3.14
5.9	5.90
66.1678	66.17

(5)赋值与克隆的区别是什么?

(6)如何判断一个小数变量是否为 0?

(7)谈一谈,如何扩展和限制函数的作用域?

(8)指针变量被赋值,需要注意什么?

(9)switch 语句表达多选一时,如果加 default 代表什么?

(10)如何分别使用 printf 和 cout 实现换行显示?

(11)代码 char ch;scanf("%c",&ch);与 int i;scanf("%d",&i);在同样输入 3 的情况下有何区别?

2.选择题

(1)如果 int i=1,j=0;则( )条件是真。

    (A)i>=2　　　　　(B)i<4　　　　　(C)(i>9)&&(i<=10)　(D)(i+j)=1

(2)如果"int i=0;if(i=0) cout<<"ok";else cout<<"nook";",则最后打印的结果是

    ( )。

    (A)ok　　　　　　(B)程序不正确　　(C)nook　　　　　　(D)ok nook

(3)如果"float x=234;printf("x vaule is:x=%6.1f",x);",则最后的打印结果是( )。

    (A)␣␣234　　　(B)+234␣␣　　(C)␣234.0　　　　(D)␣␣␣234

(4)如果"float f=23;cout<<f;",则结果显示为( )。

    (A)23.0　　　　　　　　　　　(B)23.000000

    (C)23　　　　　　　　　　　　(D)某个接近23的不确定的值

(5)下面一段代码,最后 i 的值是( )。

```
int i=5;
if(i>1)
    if(i>100)
        i=i+2;
    else
        i=i-2;
    else
        i=i-3;
```

    (A)4　　　　　　　(B)3　　　　　　　(C)102　　　　　　　(D)2

(6)下面一段代码,运行结果应该是( )。

```
switch(3.5)
{
    case 3:cout<<"3";break;
    case 4:cout<<"4";break;
    default:cout<<"非3非4";
}
```

    (A)4　　　　　　　(B)3　　　　　　　(C)非3非4　　　　(D)程序出错

(7)如下代码,运行后的结果应该是( )。

```
int *pA, *pB;
pA=new int; *pA=10;
pB=new int; *pB=20;
pA=pB;
cout<<pA<<pB;
```

    (A)10 10　　　　　　　　　　(B)20 20

    (C)结果出错,空间丢失　　　　(D)两个相同的地址

(8)如下代码,运行后的结果应该是(　　　)。

```
int i=1;
if (i=2) cout<<"ok";
else cout<<"nook";
if (10) cout<<"10";
else cout<<"no10";
```

　(A)ok 10　　　　　　(B)ok no10　　　　　(C)nook no10　　　　(D)nook 10

(9)如下代码,运行后 b 的结果应该是(　　　)。

```
int a=4,b=3,temp;
if(a<b)
    temp=a;
    a=b;
    b=temp;
cout<<b;
```

　(A)3　　　　　　　　(B)4　　　　　　　　(C)不确定　　　　　　(D)0

(10)如下代码,运行后的结果是(　　　)。

```
int a=3;
switch(a)
{
    case 1:cout<<"1";
    case 2:cout<<"2";
    case 3:cout<<"3";
    default:cout<<"非1,2,3";
}
```

　(A)3　　　　　　　　　　　　　(B)非1,2,3
　(C)123　　　　　　　　　　　　(D)3 非1,2,3

3.判断题

(1)如果在 if 语句里的条件值为 3,那么这个条件是真。　　　　　　　　　　(　　)

(2)if else 表示了一种矛盾的判断关系,表达了非此即彼的关系。　　　　　(　　)

(3)else 总和最近的 if 配对。　　　　　　　　　　　　　　　　　　　　　(　　)

(4)自然语言、流程图、伪算法都可以表达算法步骤。　　　　　　　　　　　(　　)

(5)如果定义一个整型变量,但输入的是小数,则运行时会出错。　　　　　　(　　)

(6)多分支语句能够保证一个入口,多个出口。　　　　　　　　　　　　　　(　　)

(7)表达某个小数变量为 0 的条件可设计为:fabs(a)>1e-10。　　　　　　　(　　)

(8)即使不用多分支选择语句,只用二选一分支语句也能够解决所有的选择问题。(　　)

(9)通过被调用模块改变本模块中某变量的值,可以不通过 return。　　　　　(　　)

(10)判断下列给出的代码是否正确。 (   )

```
int *p=NULL;

if (p=NULL)
{ //表示 p 是闲的状态,p 可以正常使用
    p=new int;
    *p=100;
}
```

4. 画图题

根据下面给出的算法步骤,画出相应的流程图。

第一步:输入两个整数 a,b;

第二步:通过自定义模块 getMax(a,b)求出最大数 max;

第三步:通过自定义模块 getSquare(max)求出平方值;

第四步:输出 max 和 square。

5. 编程题（同型基础）

模仿教材中例 5.6 中 prtCost 模块,编写模块 prtGrade:根据输入的分数打印显示其相应的等级。如果分数在范围[100,85]内,则等级为字符'a';如果分数在范围[84,70]内,则等级为字符'b';如果分数在范围[69,60]内,则等级为字符'c';如果分数在范围[59,0]内,则等级为字符'd'。

[模块设计]

[问题罗列]

6. 编程题（同型基础）

根据教材中例 5.7"根据等级显示分数范围"代码,编写模块 prtByGrade:根据给定的等级字符,打印显示分数范围。如果给定字符是'a',则显示分数范围是[100,85];如果给定字符是'b',则显示分数范围是[84,70];如果给定字符是'c',则显示分数范围是[69,60];如果给定字符是'd',则显示分数范围是[59,0]。

[模块设计]

[问题罗列]

5.4 思维训练题——答辩练习

7. 编程题 (变式答辩)

根据下面给出的模型结构图,编写模块 getGrade(归属 Score),通过给定的分值判断其等级并返回等级字符,判断标准同教材例 5.7,并编写主模块,测试 getGrade。

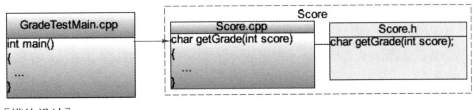

[模块设计]

[问题罗列]

8. 编程题 (变式答辩)

编写模块 isLeapYear,根据给定的年份,判断其是否是闰年,返回真或假。

提示:能被 4 整除且同时不能被 100 整除的是闰年,或者能被 400 整除的也是闰年。

[模块设计]

[问题罗列]

9. 编程题 (变式答辩)

根据给定的 4 个小数 (a, b, c, h),编写模块 getVol,求由此 4 个数构成的三棱锥的体积。其中 a、b、c 代表三角形的 3 边,h 代表此三棱锥的高度。注意,getVol 模块需要对 a、b、c 是否能构成三角形进行判断(可参考教材例 5.5)。

[模块设计]

[问题罗列]

5.5 思维训练题——阅读提高

10.编程题(提高初级)

编写猜数模块,模块内部给定一个固定整数,有两次机会,猜数过程中有大小提示。

[模块设计]

[问题罗列]

11.编程题(提高中级)

根据给定的一元二次方程的 3 个系数 a、b、c(整数),编写一个模块 setRoot,求出所有情况下的根值,并编写主模块测试。

提示:该模块返回一个整数代表 3 种根的情况,具体的根值可通过传递地址方式求出,传递地址可参考教材例 5.1 给出的一元二次方程有 2 个实根的代码。

[模块设计]

[模型设计]

[问题罗列]

5.6　上机实验

[实验题目]

编写一个程序,界面如下,选择一个功能号执行相应的功能。

欢迎进入本系统

1 将五个大写字母转成小写字母　　2 求两个整数的较大数

3 根据输入的分数判断其等级　　　4 退出系统

请选择功能号(1,2,3,4):

[实验要求]

①界面完整,要有文字提示输入功能。

②本系统的 3 个自定义模块需要的数据均要求在主模块里进行数据的输入,将数据作为参数传给自定义模块。

③各模块要归属清晰。

④画出模型结构图,进行核心模块分析。

[实验提示]

①在<stdlib.h>库里有一个退出模块 exit(int)的声明,直接使用 exit(0)即可退出。

②模型结构图:

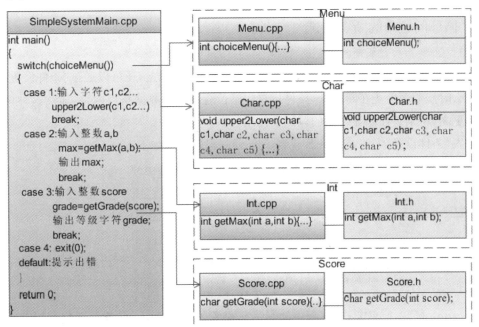

[实验思考]

①执行完"求两个数的较大数"模块之后,程序会走到哪里?

②为什么每个 case 后面都要加上 break 语句?

③如果把主模块中的 switch 换成 if 语句,程序如何调整?

结构编程之循环

6.1 目标与要求

➤ 理解循环结构的使用语境。

➤ 掌握循环语句的语法结构。

➤ 熟练掌握循环规则,即三要素和循环规律。

➤ 熟练掌握运用规律的两种不同思路。

➤ 初步掌握简单数据文件的存取方法和步骤。

➤ 逐步形成多人合作思路,进一步领悟面向过程编程中的模型、模块结构和分层设计思想。

6.2 解释与扩展

1. 循环问题中的断点调试

(1)位置断点和数据断点

通过 F9 可以设置断点,通过 F5 可以运行至断点。实际上,还可以通过"条件设置"来决定在什么时候程序停止在断点处,条件设置包括位置断点和数据断点两种,显然这种调试方式效率更高,特别是在循环结构的调试中使用频繁。

进入"条件设置"方法:Ctrl+B 或者 Alt+F9,设置界面如下:

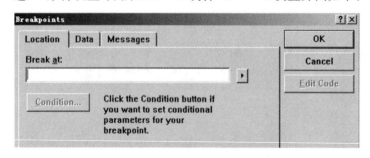

Location 标签:位置断点,在程序的某一行设置了断点之后,当条件满足时候就停在断点行中,而通过 Condition 按钮可以详细地设置条件(在设置断点后生效)。

Data 标签:数据断点,无需预先设置断点位置,但一旦满足设置条件,就会立即中断,停在数据发生改变的地方。

Messages 标签:用于 WIN32 消息编程中的消息处理,这里不再讨论。

（2）位置断点的设置举例

目标 1：通过语句被执行的次数来中断。

问题描述：求 1～100 的和，循环语句 s＝s＋i 被执行 3 次之后，查看当前的变量状态值。

调试步骤：

①在 s＝s＋i 前设置断点。

```
int main()
{
    int s=0;
    for (int i=1;i<=100;i++)
    {
        s=s+i;//抛中的动作
    }
    return 0;
}
```

②然后通过 CTRL＋B 或 ALT＋F9 键调出中断设置对话框，选择第一个标签 Location 后，再点击 Condition 按钮，出现"Breakpoint Condition"窗口，在最下框填写数字 3，如下图所示：

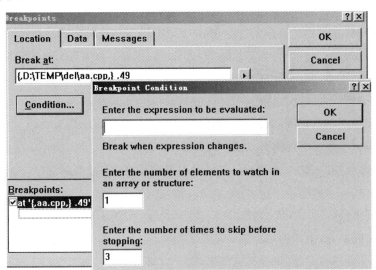

注意：文本框中填写的 3 是指断点行处代码：s＝s＋i 被执行了 3 次。

③按 F5 键运行至断点，查看变量窗口如下：

Name	Value
i	4
s	6

从结果上看，s＝s＋i 被执行 3 次，s 得到 6，i 的值增加为 4。

目标 2：通过设置表达式来决定中断。

问题描述：求 1～100 的和，当和＞＝1000 时中断，查看当前的变量状态值。

调试步骤：

①设置断点位置，方法同上。

②设置表达式，方法同上，在出现的"Breakpoint Condition"窗口的第一个文本框中填写

内容为:s>=1000,本对话框上其他两个文本框为默认值,如下图所示:

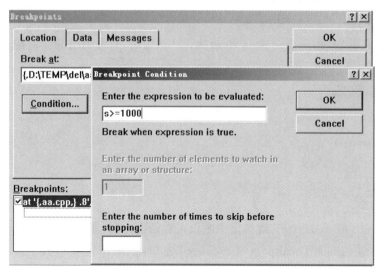

注意:如果表达式中仅输入一个变量,那么这个变量有改变的时候就会响应中断而停止,这一点不再举例(请大家自行设计验证)。

③按 F5 键运行至断点,查看变量窗口如下:

Name	Value
i	45
s	1035

从变量窗口上看,加到 45 的时候就超过 1000 了。

目标 3:通过设置表达式和次数来联合决定中断。

问题描述:求 1~100 的和,当第 3 次得到 s 是 3 的倍数时中断,查看当前变量状态值。

调试步骤:

①设置断点位置,同上。

②设置表达式,方法同上,如下图所示:

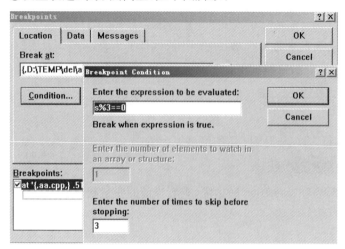

注意:这里的 3 是指条件 s%3==0 满足 3 次,就会停下来。

③按 F5 键运行至断点，查看变量窗口如下：

Name	Value
i	6
s	15

初始值 s＝0 时满足条件，记为第 1 次，加到 2(1＋2＝3)为第 2 次，加到 3(1＋2＋3＝6)为第 3 次，加到 5(1＋2＋3＋4＋5＝15)为第 4 次。注意，此时 i 的值为 6，表示最新加入的为 5。

注意：上述目标 2 和目标 3 的"Breakpoint Condition"对话框中的第二项内容"Enter the number of elements to watch in an array or structure："没有设置。这项的设置要求表达式内容必须是一个名称（数组名或结构体变量名），实际上这项是专门针对数组和结构体元素改变的调试设置，当数组或结构体元素的值发生改变的时候就会触发中断，其下填写的数字是待观察的数组、结构体的长度。在下一章学习数组之后，大家可以练习这种中断调试。

(3)数据断点的设置

数据断点的设置同位置中断，但设置条件后自动定位于影响表达式或变量改变后的那行。对此内容不再赘述。

2.关于循环求数列和

(1)关于项数

求已知项数的数列和，一般情况下需要在循环条件里将具体的项数作为终止条件，如：$2×3×4－3×4×5＋\cdots＋20×21×22$。显然求和的项数共 19 项，所以循环可以这样写：

```
for(int i=1;i<=19;i++)
{
    ...
}
```

这种写法虽然没错，但需要先计算项数。此时，可以用起止点某变量的状态值来代替，如，可以直接用最前面和最后的标志性数字得到循环的次数，如下所示：

```
for(int i=2;i<=20;i++)
{
    ...
}
```

(2)前抛还是后抛

前抛是指在循环体内，先将项值抛到"求和变量"里，然后再去找下一个要抛进去的项值；而后抛是指在循环体内，先计算抛进去的项值，然后抛到"求和变量"。无论是前抛或后抛对于循环次数均无影响，都可得到和。但退出循环后，对于抛动作代码前后变量的状态有影响，循环中抛动作前变量对应数列最后一项，抛动作后变量对应数列最后一项的下一项，如下所示：

求 2×3×4－3×4×5+…+20×21×22 前抛代码	求 2×3×4－3×4×5+…+20×21×22 后抛代码

<pre>＃include ＜iostream.h＞
int main()
{
    int a,b,c,d,sign;
    long int sum＝0;
    a＝2;b＝3;c＝4;sign＝1;
    d＝a＊b＊c＊sign;   //前抛在循环体外准备
    for (int i＝2;i＜＝20;i++)
    {
        sum＝sum+d;
 	
        a++;b++;c++;
        sign＝sign＊(－1);
        d＝a＊b＊c＊sign;
    }
    cout＜＜sum;   //4956
    cout＜＜a＜＜" "＜＜b＜＜""＜＜c;
                              //21 22 23
    cout＜＜d;   //－10626,即－21×22×23
}</pre>
	<pre>＃include ＜iostream.h＞
	int main()
	{
	    int a,b,c,d,sign;
	    long int sum＝0;
	    a＝2;b＝3;c＝4;sign＝1;
	    for (int i＝2;i＜＝20;i++)
	    {
	        d＝a＊b＊c＊sign;
	                   //后抛是在循环体内准备数据
	        sum＝sum+d;
	
	        a++;b++;c++;
	        sign＝sign＊(－1);
	    }
	    cout＜＜sum; //4956
	    cout＜＜a＜＜" "＜＜b＜＜" "＜＜c;
	                              //21 22 23
	    cout＜＜d; //9240,即 20×21×22
	}</pre>

sum＝sum+d;抛动作代码前后的变量,在退出循环时表达的状态不同,在此之前的变量对应最后一项,在此之后的变量对应最后一项的后项。

3. 关于多重循环问题

多重循环是从多个层次来表达问题,每层均有自己的控制变量。

例 1 将 5 张 100 元(共 500 元)的大钞票,换成 30 张小钞票,要求 50 元、20 元、10 元、5 元每种面值至少一张,编程输出所有可能的换法。

解决思路:将 50 元分成一个层,其循环变量改变范围[1,10),在确定了这层之后要考虑下层 20 元的情况,其循环变量改变范围为[1,25)。

```c
＃include ＜stdio.h＞
int main()
{
    int counts＝0;
    for (int i＝1;i＜10;i++)
    {
        for (int j＝1;j＜25;j++)
        {
            for (int k＝1;k＜50;k++)
            {
                int m; //m表示 5 元的控制变量
```

```
            if((m=30-i-j-k)<=0) break;
            if (i*50+j*20+k*10+m*5==500)
            {
                printf("%d %d %d %d\n",i,j,k,m);
                counts++;
            }
        }
    }
}
    printf("\n共有%d种方案",couts);
}
```

运行结果:(只截取了部分结果,共 37 种方案):

例 2　编写模块,根据给定的取值范围$[m,n]$,求表达式:$f(x,y)=(x^2-y)/(3x+4y-10)$取最小值时,$x,y$ 的值,并返回表达式的最小值。另外,编写主模块测试。

程序代码:

```
#include <stdio.h>
float getPolMin(int m,int n)    //先在区间[m,n]中任意选择2个数据,计算后作为临时最小值,记入 min
{
    float min=1.0*(m*m-m)/(3*m+4*m-10);        //这里 x,y 均选择 m,注意用 1.0 乘是为了
                                                //把整数转换为浮点小数
    float result;
    int x,y,curx,cury;
    for (x=m;x<=n;x++)                          //x 的变化范围[m,n]
    {
        for (y=m;y<=n;y++)                      //y 的变化范围[m,n]
        {
            result=1.0*(x*x-y)/(3*x+4*y-10);
            if (result<min)
            {
                min=result;
                curx=x;cury=y;
            }
        }
```

```
        }
        printf("curx is: % d, cury is: % d\n", curx, cury);
        return min;
    }
    int main()
    {
        int m=-10, n=10;            //固定数据范围是[-10,10]
        printf("result is: % f\n", getPolMin(m,n));
    }
```

运行结果：

```
curx is:7,cury is:-3
result is:-52.000000
```

程序解释：

• 两个整数相除是整数,在程序第 4 行用 1.0 乘是为了将整数,转化成浮点小数运算。

• getPolMin 返回的是最小值,若要同步返回,此时 x 和 y 需传递 x、y 地址。

• 本例要求 x,y 均取整数,如要得到更准确的最小值,则 x,y 应取小数,循环变量增加不是x++或y++,而应该是 x=x+0.1 或 y=y+0.1,间隔越小,越准确。

4. 关于执行块内部定义变量的使用问题

改写教材例 6.11 中模块 displayPrimeArray,将变量 counter,flag,i,j,c 放到 for 循环内部(请参考教材例 6.11 代码),改动后代码如下：

```
    void displayPrimeArray (int a, int b)          //a,b 是模块变量
    {
        for (int i=a; i<=b; i++)                   //i 生存期和作用域在其所定义的循环内
        {//下面定义的变量都是执行块变量
            int counter=0;
            bool flag=true;
            int c=i;
            for (int j=2; j<=sqrt(c); j++)         //j 生存期和作用域在其所定义的循环内
            {
                if (c%j==0)                        //只要有一次被整除则不是素数
                {
                    flag=false;
                    break;
                }
            }
            if (flag==true)
            {
                cout<<c<<"\t";
```

```
        counter++;
        if (counter%3==0)
        {
            cout<<endl;
        }
    }
}
```

从上面给出的代码可以看出定义的变量有两种，其中 i 属于整个模块的变量；其余的变量均为执行块内部定义的变量，它们的作用域仅限于从执行块里的定义点到执行块最后一句的一次流程，也就是一次循环后这些变量全部消失，进入下次循环时，这些执行块变量将重新定义。从调试器的变量窗口中可以看到，每次执行到 for (int i=a;i<=b;i++)时，里面的变量全部消失，而进入 for 下面的执行块的时候，定义的执行块变量会依次出现。

代码运行结果如下：

```
101    103    107    109    113    127    131    137    139    149
151    157    163    167    173    179    181    191    193    197
199    Press any key to continue_
```

但上面的代码运行之后的结果并没有达到预期的目的，素数可显示，但格式并非每 3 个数换一行。为什么 counter 素数记数器没有起作用？因为它是执行块的局部变量，每次循环（指外层循环）进入之后，这个 counter 都会被重新定义初始化为 0，所以无法记忆。解决办法有两个：

方法一，在 for (int i=a;i<=b;i++)语句的上面定义模块变量 counter，这个变量就可以深入到执行块中，不会消失，这样就能够记录素数的个数。

方法二，将"int counter=0;"改为"static int counter=0;"，定义成一个静态变量是为了延长生命期，也就是 counter 能够永久生存。虽然说离开了执行块就不起作用，但它会一直存在，当再次进入循环时，依然会发挥作用，而且初始化动作只会执行一次，不会重复地执行。

5. 写数据至文件函数 fprintf 应用[*]

例 3　从文件 stock. txt 里读出所有的数据（文件中的数据见主教材 6.8.3），并计算 5 天股票价格的平均值，然后将这个值保存到 average. txt 文件中。

解决思路：定义两个文件指针，分别指向 stock. txt 和 average. txt 进行读写。

程序代码：

```
#include <iostream.h>
#include <iomanip.h>
#include <stdio.h>
int main()
{
    int day;
```

```
    float price;
    float sum=0,average=0;
    FILE *pF, *pF2;
    pF=fopen("stock.txt","r");          //pF 指针指向原始文件
    pF2=fopen("average.txt","w");        //pF2 指针指向了要生成的目标文件
    if (pF==NULL)
        printf("can not open this file");
    else
    {
        printf("—day——price—\n");
        while(fscanf(pF,"%d %f",&day,&price)==2)
        {
            printf("%3d %6.2f\n",day,price);
            sum=sum+price;
        }
        average=sum/5;
        fprintf(pF2,"%f",average);
    }
    fclose(pF);
    fclose(pF2);
    return 0;
}
```

6. 产生范围 1～100 之间的 40 个随机数并显示

根据 rand()%(b−a+1)+a 可产生某一个整数范围内[a,b]的随机整数,代码如下:

```
# include <stdio.h>
# include <time.h>
# include <stdlib.h>
int main()
{
    srand((unsigned int)time(0));        //根据时间确定不同种子,确保序列不同
    int a;
    for(int i=0; i < 40; i++)
    {
        a=rand()%100+1;
        printf("%d\n", a);
    }
    return 0;
}
```

7. 使用两重循环，防止输入失效

教材 5.3.1 中指出使用 scanf 函数进入交互输入时，如果输入错误格式的数据，则输入缓冲区的数据不能进入变量。下面提供自编代码清除输入缓冲区，以确保输入正确。

程序代码	运行结果
| ```c
#include <stdio.h>
int main()
{
    int i,retVal;
    char ch;
    do
    {
        printf("请输入整数:");
        retVal=scanf("%d",&i);
        while (getchar()!='\n')        //直到换行
        {
            ;
        }
    } while(retVal!=1);
    printf("输入的整数是:%d\n",i);
    return 0;
}
``` | 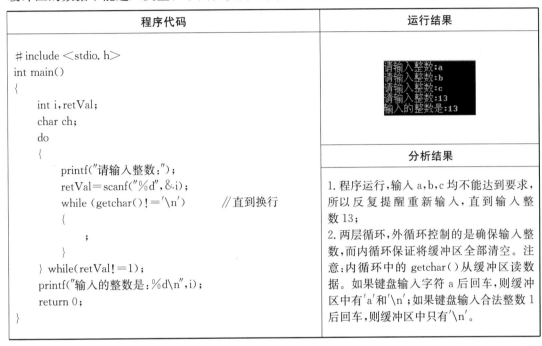 |

	分析结果
	1. 程序运行，输入 a,b,c 均不能达到要求，所以反复提醒重新输入，直到输入整数 13； 2. 两层循环，外循环控制的是确保输入整数，而内循环保证将缓冲区全部清空。注意：内循环中的 getchar() 从缓冲区读数据。如果键盘输入字符 a 后回车，则缓冲区中有 'a' 和 '\n'；如果键盘输入合法整数 1 后回车，则缓冲区中只有 '\n'。

除了使用循环来清除缓冲区外，还可以直接用系统模块 fflush(stdin)，如下面的代码所示：

```c
#include <stdio.h>
int main()
{
    int i,retVal;
    char ch;
    printf("请输入数据:");
    while((retVal=scanf("%d",&i))!=1)
    {
        printf("请输入数据:");
        fflush(stdin);
    }
    printf("%d",i);
    return 0;
}
```

使用 cin 输入也存在输入失效的问题。此时，可用下面两步清除缓冲区：第一步，清除标志位，代码为"cin.clear();"；第二步，清除缓冲区，代码为"cin.sync();"。
```

8. 直到型循环流程图的画法与转换

C/C++只提供了当型循环(条件为真),但很多问题更适合用直到型循环(条件为假)表达思维过程。直到型循环的流程图往往并不标准,需要进行适当转换。

例如,编写猜数模块,在模块内随机生成一个1～10的整数,在猜数过程中需提示大小,共有10次机会,且猜数过程可以随时中止。下图中的"猜中了吗?"反映的就是直到型(反复猜直到猜中为止),对应的流程图如下:

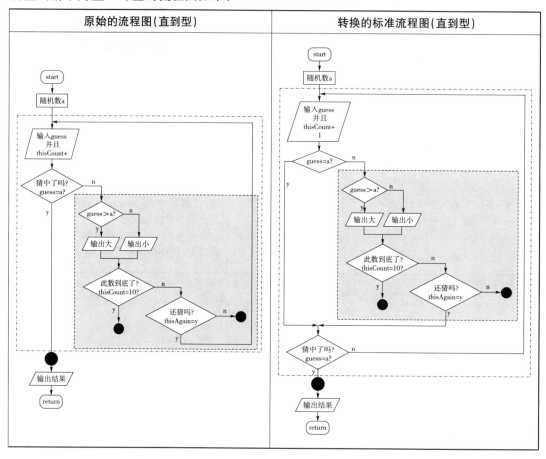

将上述直到型流程图(上左图)转换成标准直到型流程图(上右图)的方法为:将"猜中了吗?"右下方虚线框中的图形调至其上方(直到型)或下方(当型)。转换之后便可以使用C/C++中的"当型"循环,如下图所示:

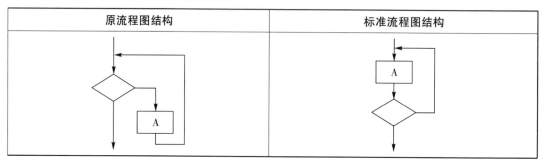

本例的转换规则如下：

①"猜中了吗?"的否定分支(上左图的右下方内框部分)，不画在右方，改画在上方，即将返回线去除，同时将否定分支提前至"猜中了吗?"紧靠。

②由于否定分支里的选择与循环条件"猜中了吗？ guess＝a?"直接相关(条件相反))，因此提前的否定分支应画在二选一的一个分支中。

③循环条件"猜中了吗?"的否定部分，只画一个返回线即可，而肯定部分，则直接画一条向下线，直到大●处。

用C/C++的 do while 表达右上方的标准直到流程图要注意以下两点(见下代码1)：

①条件要取反，如 guess==a 要改写为 guess!＝a。

②实心大●后的输出结果，要进行判断后才能输出(注意，遇到小●，跳转至大●)，因为循环结束的条件包括：guess==a 或 thisCount==10 或 thisAgain=='n'，这3者有一满足即结束循环。可将3个循环的结束全部写在一起，这样结构更清晰(注意取反，见下代码2)。

代码1,部分循环结束条件写在循环体内	代码2,所有循环结束条件写在一起
| ```
void guess()
{
  int a＝rand()％10+1;
  cout<<"a is:"<<a<<endl;
  int guess;
  int thisCount=0;char thisAgain;
  do
  {
    cout<<"请输入猜数";
    cin>>guess;
    thisCount++;//次数加1
    if (guess==a)
    {
      ;//这里可不输出,输出在循环外也可
    }
    else
    {
      if (guess>a) cout<<"大了"<<endl;
      else cout<<"小了"<<endl;

      if(thisCount==10) break;
      else
      {
        cout<<"继续吗？(y/n)"<<endl;
        fflush(stdin);
          if ((thisAgain = getchar())=='n')
break;
      }
    }
  } while(guess!=a);
  if (guess == a) cout<<"正确,猜次数"<<
thisCount<<endl;
    else if(thisCount==10) cout<<"不正确,猜到
结束"<<endl;
    else cout<<"不正确,不猜了,猜次数"<<
thisCount<<endl;
}
``` | ```
void guess2()
{
  int a＝rand()％10+1;
  cout<<"a is:"<<a<<endl;
  int guess;
  int thisCount=0;char thisAgain;
  do
  {
    cout<<"请输入猜数";
    cin>>guess;
    thisCount++;//次数加1
    if (guess==a)
    {
      ;//这里可不输出,输出在循环外也可
    }
    else
    {
      if (guess>a) cout<<"大了"<<endl;
      else cout<<"小了"<<endl;
    }
  } while(
      guess!=a&&//条件1
      thisCount!=10&&//条件2
      (//条件3
        cout<<"继续吗？(y/n)"<<endl,
        fflush(stdin),
        (thisAgain=getchar())!='n'
      )
    );
  if (guess == a) cout<<"正确,猜次数"<<
thisCount<<endl;
    else if(thisCount==10) cout<<"不正确,猜到
结束"<<endl;
    else cout<<"不正确,不猜了,猜次数"<<
thisCount<<endl;
}
``` |

9. git 安装

在使用 Git 前我们需要先安装 Git。Git 目前支持 Linux/Unix、Solaris、Mac 和 Windows 平台上运行。((1),(2)可只装一个)

(1)git for windows

Git 各平台安装包下载地址为:http:∥git-scm.com/downloads,在 Windows 上使用 Git,可以从 Git 官网直接下载安装程序,然后按默认选项安装即可。

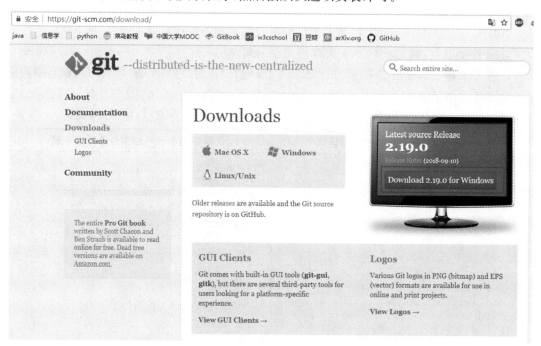

(2) Git Extensions

下载地址:https:∥sourceforge.net/projects/gitextensions/

安装过程中要选择 git kdiff3。

(3)安装 git 插件

为了更方便地在 Visual Studio 2010 使用 git 工具,需要安装 git 插件。选择"工具"→ "扩展管理器",在"联机库"中搜索"Git Source Control Provider",然后下载,安装。具体如下:

在 VS 菜单中点击"工具"→"扩展管理器"。

在线搜索 git，出现结果 Git Source Control Provider，点击"下载"。

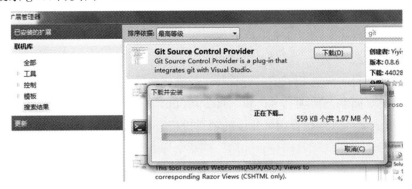

点击 VS 菜单"工具"→"选项"，展开左侧的"Source Control"，在右侧的"当前源代码管理插件"中选择"Git Source Control Provider"，点击"确定"。

启用 Git Source Control Provider 之后，所有文件显示出状态图标。你可以在文件上右击进入 Git 菜单进行操作。

10. 基于 git 分组合作模式的一个仓库方案

（1）建立项目

管理员 liyi2088 在 gitee 上建立 public 项目 simplesystemgroup，并基于 master 分支建立 dev 分支。具体操作步骤如下：

先在浏览器中打开 https：// gitee. com/，申请账号后登录，然后建立一个新项目 simplesystemgroup。将 master 分支设置成保护分支，这样只有管理者才可以将新内容合并到远程 master 分支，从而保护整个项目不被破坏。

(2)邀请组员

管理员邀请项目组成员 liyi2099/liyi2100(新成员必须在 gitee 上注册)。

找到管理员页面的当前项目 simplesystemgroup，点击"管理"，这样可以增加项目组成员，这些项目组成员可以针对管理员开设的项目进行合作开发。

注意：被邀请的用户收到私信，需要点击"确认加入"项目组，如下图所示：

这样，用户 liyi2099 就可以在自己的主页上看到 liyi2088 / simplesystemgroup 这个项目。同理，其他用户也可以这样加入。

(3)管理员开发——建立与远程对应的本地 dev 分支

管理员在本机上 clone 远程仓库到本机某一目录下的固定目录(simplesystemgroup 目录，clone 时自动生成)，进入 simplesystemgroup 目录，默认为本地 master 分支，在此分支下建立并切换到 dev 上(与远程 dev 建立联系)，先打开本机某一目录 f：/gitc2088，然后将远程仓库 clone 到此目录中，clone 的时候会自动在 f：/gitc2088 下生成 simplesystemgroup 子目录。代码及释义如下：

git clone https：// gitee. com/liyi2088/simplesystemgroup//克隆

git branch//查看分支

备注：可以看到在 * master 分支上，到目前为止本地还没有 dev 分支。

git checkout-b dev origin/dev//创建本地分支 dev

备注：要在 dev 分支上开发，就必须创建远程 origin 的 dev 分支到本地。

现在就可以在本地 dev 分支上编辑了,然后,将本地 dev 分支 push 到远程 dev 分支上即可。原则上可以这么做,但我们可以有更好的方案:在本地 dev 分支下建立一系列功能分支,测试正确后合并到本地 dev 上,然后再 push 本地 dev 分支到远程的 dev 分支上。

(4)管理员开发——建立本地 dev 分支下的功能分支 dev_main

思路:管理员在本机上建立分支 dev_main,并在其中编写 Main. cpp,最后 add/commit

git checkout-b dev_main。代码及释义如下:

$ echo "test" >> Main. cpp//添加文件,也可以直接拷贝一个文件到工作目录中

git add Main. cpp//加入索引区

git commit-m//在功能分支 dev_main 中提交"架构师 Main. cpp add"

git status//可以发现工作目录是干净的

(5)管理员开发——合并功能分支 dev_main 到本地 dev 分支

git checkout dev//切换到本地 dev 分支

git merge dev_main//合并到本地 dev 分支

(6)管理员上传——将本地 dev 上传到远程 dev 上

git push origin dev

此时,切换到网页上,可看到远程 dev 分支多了一个文件 Main. cpp。如下图所示:

注意:这一步 push 有可能会因为其他用户上传相同文档而失败,需要解决冲突后,再上传。特别注意,每一次用户开发完成后,先 push 到远程分支 dev。可将本地 dev 分支删除(git branch - d dev),以便于下一次重新编写时,重新建立本地 dev 分支(见第 3 点),这样可得到最新的远程分支 dev 上的内容(因为可能有其他用户上传了内容)。当然,如果不删除也可以,但下次开发时,需要重新拉一下远程 dev 分支内容(git fetch/git pull)。

(7)其他项目项成员 liyi2099/liyi2100 各自按(3)~(6)步骤开发

(8)管理员合并——远程 dev 到远程 master

此步的目的是产生稳定的发行版本,只能由管理员来完成。

大致步骤是:管理员切换到本地 master,合并本地 dev(可能有冲突,需要解决),之后 push 本地 master 到远程 master,效果等同于远程 dev 合并到远程 master。代码如下:

```
git checkout master
git merge dev
git push origin master
```

6.3 思维训练题——自测练习

1.简答题

(1)循环的三要素指什么?

(2)如何表达死循环?

(3)循环求数列和,最关键的要素是什么?

(4)下面两种判断有何区别,请绘图表示?

if 做判断	while 做判断

if(a>b)
{
  …
}
	while(a>b)
	{
	  …
	}

(5)简述求斐波那契数列的递推与递归两种思路。

(6)循环中的 continue 和 break 的区别是什么?

(7)选择语句 switch 中的 break 与 for 中的 break 有何不同?

(8)使用文件来保存或调入数据的基本步骤是什么?

(9)死循环有何弊端? 如果一个循环不是正常情况下终止的,应使用什么语句表达?

(10)如何产生 1~1000 之间的随机整数?

2.选择题

(1)while 和 do…while 结构的主要区别是(   )。

　　(A)后者至少执行一次循环体　　　　　(B)前者的循环控制条件比后者更严格

　　(C)前者的循环体不能是复合语句　　　　(D)后者比前者功能更强大

(2)结构化程序设计规定的 3 种基本控制结构是(   )。

　　(A)顺序、选择和转向　　　　　　　　　(B)层次、网状和循环

　　(C)模块、选择和循环　　　　　　　　　(D)顺序、选择和循环

(3)以下(   )循环结构没有问题,可正确执行。

　　(A)for(int i;i<100;i++){cout<<i;}　　(B)int i=1;while(i<100){i++;}

　　(C)int i=1;while(i<100) {cout<<i;}　　(D)while(){cout<<"test";}

(4)while(2){…}这个循环是(   )。

　　(A)一个死循环　　　　　　　　　　　　(B)循环执行 2 次

　　(C)循环的时间是 2 秒　　　　　　　　　(D)这个写法是错误的

(5)从一个文本文件里读取数据可使用的函数是(   )。

　　(A)scanf　　　　　(B)fscanf　　　　　(C)readtxt　　　　　(D)printf

(6)如下代码,运行后的结果应该是(　　)。

```
int fact(int n);
int main()
{
    cout<<fact(5);
}
int fact(int n)
{
    if (n==1) return 1;
    else return n * fact(n--1);
}
```

(A)120　　　　　　(B)20　　　　　　(C)1　　　　　　　　(D)程序出错

(7)代码"int i=1;while (——i) i=10;",循环体执行的次数是(　　)。

(A)一次不执行　　　(B)1　　　　　　(C)10 次　　　　　(D)无限次

(8)代码"int i=0;while (i++<3); printf("%d",i);",输出的结果是(　　)。

(A)3　　　　　　　(B)012　　　　　(C)4　　　　　　　(D)123

(9)代码"for(int i=0;i==3;) printf("%d",i++);",循环体执行的次数是(　　)。

(A)一次不执行　　　(B)0　　　　　　(C)10 次　　　　　(D)无限次

(10)布尔型变量 flag 标记某状态,则 while (! flag)等价于(　　)。

(A)while (flag! =false)　　　　　(B)while (flag! =true)

(C)while (flag==false)　　　　　(D)while (flag==true)

3.判断题

(1)死循环只可能出现在 while 结构中,for 结构不存在死循环问题。　　　　(　　)

(2)函数的声明包含:函数名、参数个数、参数类型和返回值类型。　　　　(　　)

(3)while 循环语句的循环体至少执行一次。　　　　　　　　　　　　　(　　)

(4)do…while 循环语句的结尾必须有分号。　　　　　　　　　　　　　(　　)

(5)读写文本文件首先需要设置文件指针。　　　　　　　　　　　　　　(　　)

(6)在C/C++中,不管是判断语句,还是循环语句,当条件不满足时就会中止。(　　)

(7)调用自身的函数称为"递归函数"。　　　　　　　　　　　　　　　　(　　)

(8)有参宏的参数,在表达字串中需将参数用()括起来。　　　　　　　　(　　)

(9)多人合作编程的管理模式是分层管理。　　　　　　　　　　　　　　(　　)

(10)在循环结构中,循环体语句执行完毕后,跳至判断语句,无一例外。　(　　)

4.改错题

(1)程序的功能:根据输入的两个整数 a 和 b,求 a 到 b 之间的整数和(含边界 a、b)。

```
int sumFromA2B (m,n)          //ERROR1 _____
int main()
```

```
{
    int a,b,s,t;
    cin>>a>>b;
    if(a==b)                    //ERROR2 _____

    {t=a;a=b;b=t;}
    s=sumFromA2B (a,b);
    return 0;
}
int sumFromA2B (int m, int n)
{
    int s=0;
    for(int i=m,i<=n,i++)       //ERROR3 _____
        s=s+i;
    return s;
}
```

(2)用有参宏来表达一个球的体积,参数是半径,球的体积公式为:$v=4/3\times\pi\times r^3$。

```
#include <iostream. h>
#define PI 3.14159;                    //ERROR1 _____
#define GLO_VOL(x) (4/3 * PI * x * x * x) //ERROR2 _____
int main()
{
    cout<<"球的体积是:"<<GLO_VOL(2+2)<<endl;
    return 0;
}
```

(3)用有参宏来表达三角形面积,代码如下:

```
#define P(a,b,c) ((a)+(b)+(c))/2.0
#define AREA(a,b,c) sqrt(P * (P-(a)) * (P-(b)) * (P-(c)))    //ERROR1 _____
int main()
{
    int a=3,b=4,c=5;
    cout<<AREA(a,b,c)<<endl;
    return 0;
}
```

5.填空题

(1)下面代码是求斐波那契数列前 20 项的和及第 20 项的值,根据提示填空。

```
#include <iostream.h>
int main()
{
    int a=1;              //表达式第 1 项,初始值为 1
    int b=1;              //表达式第 2 项,初始值为 1
    int c=2;              //表达式第 3 项,初始值为 2,即表达式前 2 项之和
    int s=2;              //s 是累加器,初始值是第一个数 1 和第二个数放入后的状态,值为 2
    int i=3;              //循环变量 i 表示项数,初始值为 3,表示即将求第 3 项,并求和
    while (i<=20)
    {
        _____       //得到新 c
        s=s+c;            //抛数,抛完之后,移动窗口向右移动
        _____       //得到新 a
        _____       //得到新 b
        _____       //循环变量的改变
    }
    cout<<s<<endl;        //这是前 20 个数的和
    cout<<i<<endl;        //i 的值是_____
    cout<<c<<endl;        //c 的值是数列第___项值
    cout<<b<<endl;        //b 的值是数列第___项值
    return 0;
}
```

(2)填写下面程序的运行结果。

```
#include <iostream.h>
int main()
{
    for (int i=1;i<=2;i++)
    {
        for (int j=1;j<=3;j++)
        {
            cout<<i<<""<<j<<endl;
        }
    }
    return 0;
}
```

运行结果：

_____

_____

_____

_____

(3)根据下面给定的流程图(判断左分支为真,右分支为假),请写出相对应代码。

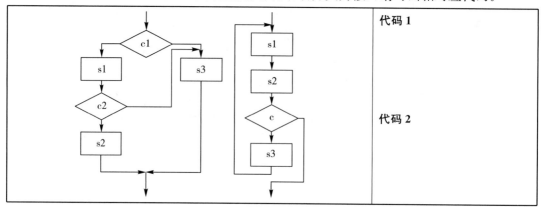

代码1

代码2

(4)请写出下面程序的运行结果,并说明其使用的是哪种思路?

```cpp
#include <iostream.h>
void conv(int n);
int main()
{
    conv(123456);
    return 0;
}
void conv(int n)
{
    if ((n/10)!=0)          //非1位数时
    {
        conv(n/10);
    }
    cout<<n%10;
}
```

6. 画图题

根据下面的要求,画出模块图并给出形式表达。

(1)编写模块:输入一个整数,判断该数是否是素数。

(2)编写模块:输入一个数,判断该数是否是水仙花数(所谓"水仙花数"是指一个三位数,其各位数字的立方和等于该数本身)。

(3)编写模块:求给定区间$[m,n]$内所有整数的总和及平均值。

(4)编写模块:将一个小数保存到文件中去,并返回成功与否的标记。

(5)编写模块:无需输入,但返回一个字符型指针值。

(6)编写模块:显示一个功能菜单,在模块内部输入选项值并返回。

(7)编写模块:求给定整数的位数。

(8)编写模块:统计一个文本文件中所有'a'和'b'字符的个数。

(9)编写模块:根据两个物体的质量和距离返回两个物体的万有引力。

(10)编写模块:根据给定的 10 个整数,返回它们的和。

7.编程题（同型基础）

编程求 $3+7+11+\cdots$ 前 20 项的和。

［发现规律］

［程序代码］

［问题罗列］

8.编程题（同型基础）

求 $\dfrac{2}{3}-\dfrac{4}{7}+\dfrac{6}{11}-\cdots$ 前 100 项的和。

［发现规律］

［程序代码］

［问题罗列］

9.编程题（同型基础）

根据给定的整数区间,编写模块 displayArray,按每行 3 个整数为一组来显示区间内所有整数。

［模块设计］

［问题罗列］

10.编程题（同型基础）

根据给定的整数,编写模块 fact,返回其阶乘值(要求分别用递推和递归两种方法)。

［模块设计］

［问题罗列］

6.4　思维训练题——答辩练习

11.编程题（变式答辩）

教材中例 6.11,显示某范围内所有素数模块 displayPrimeArray,模块代码中使用了 2 层循环(循环嵌套),其内循环是判断某一整数是否是素数。现要求改编 displayPrimeArray,将内循环改为例 6.10 中所定义的模块 isPrime 模块,享受代码的复用性。

［模块设计］

［问题罗列］

12.编程题（变式答辩）

编写模块,求某个整数范围内所有能够被 3 整除,但除以 4 的余数为 1 的所有数,并在模块内部显示出来。

［模块设计］

[问题罗列]

13. 编程题（变式答辩）

编写模块，根据给定的 n，返回 $1!+2!+\cdots$ 前 n 项之和。

[模块设计]

[问题罗列]

14. 编程题（变式答辩）

请认真阅读提示，并补齐相应内容。

根据给定的一个正整数，编写模块 analyzeInt 对这个整数进行分析，要求：

(1)得到位数。

(2)按正序取出各数字并显示。

(3)按反序取出各数字并显示。

例如，给定的数是 3 4 5，要求得到位数是 3；正向输出是 3 4 5；反向输出是 5 4 3。

提示：模型结构图如下：

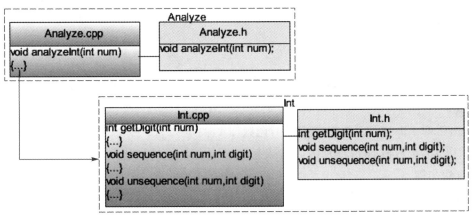

[模块设计]

模块 analyzeInt

①模块功能:根据给定的一个整数进行分析。

②输入输出:

形式:void analyzeInt (int num)

归属:Analyze

③解决思路:先求出位数,再正序输出,最后反序输出。

④算法步骤:

第一步,得到整数的位数:digit=getDigit(num);

第二步,正向输出整数的各位:sequence(num,digit);

第三步,反向输出整数的各位:unsequence(num,digit)。

⑤模块代码(请自行补齐):

模块 getDigit

①模块功能:根据传入的一个整数,得到这个整数的位数,并返回。

②模块参数:入口是一个整数,出口是整数的位数。

形式:int getDigit(int num)

归属:int

③解决思路:任意正整数除以 10 都会从尾部去掉一位数字,如此反复,直至商为 0,记录反复次数。

例如,针对 123 这个正整数,除以 10,记数加 1,商是 12;12 再除以 10,记数再加 1,商是 1;1 再除以 10,记数再加 1,商为 0,此时结束,总的计数正好是 3 次。

④算法步骤:

记数 i=0

循环

    mum 除以 10 得到商

    记数加 1

直到商为 0

返回记数 i

⑤模块代码：

```
int getDigit(int num)
{
    int i=0;
    do
    {
        num=num/10;
        i++;
    } while(num!=0);
    return i;
}
```

模块 sequence

①模块功能：根据整数和整数个数，正向输出整数的各位。

②模块参数：

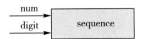

形式：void sequence(int num,int digit)

归属：int

③解决思路：取首位，得新数（去首位的数），再取首位，再得新数，如此反复，直至数位取完。取首位方法，用此数除以 $10^{位数-1}$ 即可；得新数方法，用此数除以 $10^{位数-1}$ 取余即可。

④算法步骤：

循环 digit 次

　　　　取 num 首位，置于临时变量 head

　　　　输出 head

　　　　去首位，得新数 num

　　　　循环结束

⑤模块代码（请自行补齐）：

模块 unsequence

①模块功能：根据整数和整数个数，反向输出整数的各位。

②模块参数：

形式：void unsequence(int num,int digit)

归属：int

③解决思路:取末位,得新数(去末位的数),再取末位,再得新数,如此反复,直至数位取完或新数为0(商为0)。取末位方法,用此数除以10取余;得新数方法,用此数除以10。

④算法步骤:

循环 digit 次

　　取 num 末位,置于临时变量 end

　　　输出 end

　　　去末位,得新数 num

循环结束

⑤模块代码(请自行补齐,并与第4章例11比较,体会循环的优点):

6.5　思 维 训 练 题——阅 读 提 高

15. 阅读题(提高初级)

(1)编写猜数模块,模块内随机生成一整数(1~100),猜数过程有提示,猜中为止(请结合5.3节第10题,体会循环的优点)。

[模块代码]

```cpp
void guess()
{
    int a=rand()%100+1;
    cout<<"a is:"<<a<<endl;
    int guess;
    do
    {
        cout<<"请输入猜数";
        cin>>guess;
        if (guess==a)cout<<"正确"<<endl;
        else if (guess>a) cout<<"大了"<<endl;
        else cout<<"小了"<<endl;
    } while(guess!=a);
}
```

[引申]

编写猜数模块,模块内随机生成一个整数,猜数过程中有提示大小,有10次机会,且猜数过程可以随时中止(参考本书"6.2节解释与扩展8")。

16. 编程题(提高初级)

编写模块:根据输入的 n,求 n 以内(不包括 n)同时能被3和7整除的所有自然数之和。

[模块设计]

［问题罗列］

17.编程题（提高初级）

编写程序解决如下问题:公鸡一,值钱五;母鸡一,值钱三;雏鸡三,值钱一。百钱买百鸡,问公鸡、母鸡、雏鸡各几只?

提示:参考本书"6.2 解释与扩展中 3"。

［解决思路］

［程序代码］

［问题罗列］

18.阅读题（提高初级）

编写程序求级数:$1+3+3^2/2! +3^3/3! +\cdots+3^{10}/10!$

程序分析	程序代码

这是一个有规律求解的问题,可先不看级数的首项 1,其他每项均是分式,分子前后项变化规律是:
fz＝fz＊3;
分母前后项变化规律是:
fm＝fm＊(i+1),其中 i 表示当前项数
	``c
	#include <stdio.h>
	int main()
	{
	    double y,x;
	    double fz,fm;
	    int i;
	    y＝0;x＝3;
	    fz＝x;fm＝1;
	    i＝1;
	    while (i<＝10)
	    {
	        y＝y+fz/fm;
	        fz＝fz＊x;
	        i++;
	        fm＝fm＊i;
	    }
	    printf("级数和:%lf",y+1);
	    return 0;
	}
	``

再引申一步,假设级数的分子不定,项数也不定,形如求:$1+x+x^2/2!+x^3/3!+\cdots$前 n 项的和。这是 $f(x)=e^x$ 按泰勒级数展开的表达式,如果设 $x=1$,则 n 趋近于无穷大时,表达式收敛于 e,即 2.718281828459。对于这个问题,可以编写一个模块来解决这个问题,输入的参数是 x 和 n,返回值是级数和,代码如下:

程序代码	运行结果
| ```c
#include <stdio.h>
double getTL(double x,int n)
{
    double y;
    double fz,fm;
    int i;
    y=0;i=1;
    fz=x;fm=1;
    while (i<=n)
    {
        y=y+fz/fm;
        fz=fz*x;
        i++;
        fm=fm*i;
    }
    return y+1;
}
int main()
{
    double x;
    int n;
    printf("请输入 x 值:");scanf("%lf",&x);
    printf("请输入项数:");scanf("%d",&n);
    printf("级数和:%lf\n",getTL(x,n));
    return 0;
}
``` | 请输入x值:1<br>请输入项数:1000<br>级数和:2.718282 |

19. 编程题(提高初级)

编写模块,根据[m,n]的整数,求出使函数式 $f(x)=x-\sin(x)$ 取最大整数值的 x。

提示:参考本书"6.2 解释与扩展中 3"。

[模块设计]

[问题罗列]
```

20.编程题（提高初级）

编写模块,根据给定的一个整数,得到这个整数的反序整数,如 58 变成 85。

提示:依次从尾部取出每位数字,再处理得到反序,如 $(0 \times 10+8) \times 10+5$。

［模块设计］

［问题罗列］

21.编程题（提高初级）

编写模块,根据给定的 a 的值求 $\sqrt[3]{a}$ 的值,要求计算过程使用 $\sqrt[3]{a}$ 的牛顿迭代公式 $x_{n+1} = (2x_n + a/x_n^2)/3$。

提示:使用迭代公式,根据连续两项之差的绝对值是一个极小数,即可得出后一项为所求值,即 $|x_2 - x_1| <$ 极小数。

［模块设计］

［问题罗列］

22.编程题（提高中级）

编写模块,根据给定的小数 a 和整数 n,求 a 的 n 次立方值(要求使用牛顿迭代方法)。

［模块设计］

［问题罗列］

23.编程题（提高中级）

现有 25 根火柴,两人轮流取,每人每次可取走 1～5 根,不可多取,也不能不取,谁取最后一根火柴则谁输。请编写一个程序进行人机对弈,要求人先取,计算机后取;计算机一方为"常胜将军",也就是你一旦先取,那么注定你会选择最后一根火柴。

[解决思路]

[程序代码]

[问题罗列]

6.6　上机实验

[实验题目]

简单系统的制作,程序界面如下,选择一个功能号可以执行相应的功能。

欢迎进入本系统

1 大写字母转小写字母	2 显示 100～200 之间所有的素数
3 整数分析	4 退出系统

请选择功能号:(1,2,3,4)

[实验要求]

①界面完整,要有文字提示输入功能。

②本系统的3个模块(大小写转换、显示素数、整数分析)所需要的数据,均要求在主模块里输入,并将数据作为参数传给自定义模块。

③各模块要归属清晰。

④对核心模块进行分析。

⑤整数分析模块要求实现求出整数位数,正向解析各位数字,反向解析各位数字。

⑥要求选择一个功能之后,必须能重新回到初始界面,可以重新选择其他的功能。

[实验提示]

①由于菜单反复地被执行,所以应该用一个死循环把菜单选择部分包进去。

②在<stdlib. h>库里有退出模块 exit 的声明,直接使用 exit(0)可退出。

③文件结构与模型模块结构图如下,根据下图,共需要 11 个文件。

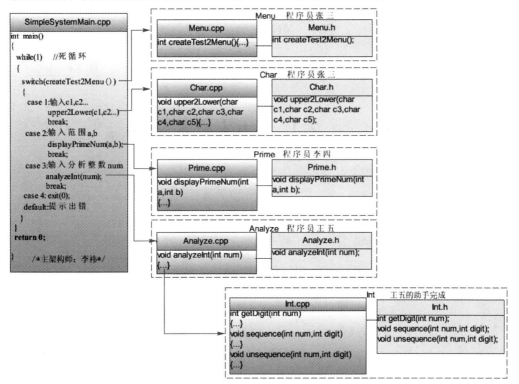

[实验思考]

①主模块里需要包含 Int 吗? 为什么?

②多人合作怎么体现? 每个人怎样工作?

③架构师如何将所有代码整合在一起?

数　组

7.1　目标与要求

➢ 理解一维数组的定义并掌握其使用方法。
➢ 掌握数组的排序方法。
➢ 掌握数组名作为函数参数进行函数调用的实质。
➢ 利用数组构建简单的学生成绩管理系统。

7.2　解释与扩展

1. 选择排序法优化

按从小到大排序的"选择排序法"思路:在循环第 i 轮,只要在 i 后发现更小者就将其往前提到 i 位置上(简称前提),但实际上至多只有一个前提动作(后序中最小值)有效。由于循环的前提是花费时间的,因此可以考虑在"次"的变化过程中找到一个最小值的序号,将 i 位对应的值与这个最小值序号的对应值进行交换,改进部分如下(只给出了循环部分,其他的代码不变):

```
for (int i=0;i<=n-2;i++)
{
    int minNo=i;
    for (int j=i+1;j<=n-1;j++)
    {
        if (score [minNo]> score [j])
        {
            minNo=j;
        }
    }                        //内循环结束,找到最小值标号
    if (minNo!=i)
    {
        int temp;
        temp=score[i];
        score[i]=score[minNo];
        score[minNo]=temp;
    }
}                            //外循环结束
```

2.冒泡排序法

这种排序法的思路是:比较两个相邻数字的大小,大者沉下去,小者浮上来,故称为"冒泡"。假设有 n 个数,则"冒泡"排序法的一般过程为:首轮比较,最大数沉底;次轮比较,次大数沉底等,经过 $n-1$ 轮比较,每轮都从最前面两个数开始比较,最后得出所有数排序。举例来说:4、5、3、9、…是 n 个要从小到大排序的数,用数组表示分别保存在 a[0]、a[1]、a[2]、…a[n-2]、a[n-1]中。具体变化步骤如下:

轮数	目的	步骤
第1轮	n 个数的最大数沉底 数据范围:[a[0],a[n-1]] 最后一次比较起点:a[n-2]	从0位开始,与相邻位比较,小的浮上去; 继续从1位开始,与相邻位比较,小的浮上去; … 直到从 $n-2$ 位开始,与相邻位比较,小的浮上去;
第2轮	余下的 $n-1$ 个数的最大数沉底 数据范围:[a[0],a[n-2]] 最后一次比较起点:a[n-3]	从0位开始,与相邻位比较,小的浮上去; 继续从1位开始,与相邻位比较,小的浮上去; … 直到从 $n-3$ 位开始,与相邻位比较,小的浮上去;
…	…	…
第 $n-1$ 轮	余下的2个数中最大数沉底 数据范围:[a[0],a[1]] 最后一次比较起点:a[0]	从0位开始,与相邻位比较,小的浮上去;

从上面的轮次变化中,我们发现如下规律:"轮序号"加上"每轮中最后要比较的起点位置"为 $n-1$。因此轮次的变化范围确定如下:轮 i 从1到 $n-1$;次 j 从0到 $n-1-i$。排序模块代码见下表代码1。

其实,关于循环的次数范围确定不一定非要从1开始,任何能够标记起始状态的值均可表达范围,冒泡排序第1轮的最后一次比较序号起点是 $n-2$,最后一轮比较序号起点是0,故轮 i 的变化范围为[$n-2,0$];每轮的比较,均从0开始,到 i 结束,见代码2。

代码1	代码2
| ```c
void sort(int *pA,int n){
    for (int i=1;i<=n-1;i++)      //控制轮
    {
        for (int j=0;j<=n-1-i;j++)  //控制次
        {
            if (pA[j]>pA[j+1])
            {
                int t;
                t=pA[j];
                pA[j]=pA[j+1];
                pA[j+1]=t;
            }
        }
    }
}
``` | ```c
void sort(int *pA,int n){
    for (int i=n-2;i>=0;i--)      //控制轮
    {
        for (int j=0;j<=i;j++)      //控制次
        {
            if (pA[j]>pA[j+1])
            {
                int t;
                t=pA[j];
                pA[j]=pA[j+1];
                pA[j+1]=t;
            }
        }
    }
}
``` |

3. 音频文件的概念与处理

（1）音频文件的概念

声音文件是通过模/数转换器（A/D）将物理声波波形转换成一连串二进制数据的文件。模/数转换器（A/D）以每秒上万次的速率对声波进行采样，每次采样都记录下了原始模拟声波在某一时刻的状态，称之为"样本"。所有样本数据连接起来，就可以描述一段声波。而声音的播放是通过数/模转换器（D/A），将数据再次转成波形信号并进行播放。模/数转换器（A/D）和数/模转换器（D/A）都已经集成到电脑的声卡上了，可通过相应软件录制和播放声音。

采集声音有两个重要的参数：采样位数和采样频率。

采样位数是采集卡处理声音的解析度。这个数值越大，解析度就越高，录制和回放的声音就越真实。具体来说，位数是采集声音时保存声音信号所使用的二进制位数，反映了描述信号的准确程度。8 位代表 2 的 8 次方，即 256，16 位则代表 2 的 16 次方，即 64 K。比较一下，一段相同的音乐信息，16 位声卡能将它分为 64 K 个精度单位进行处理；而 8 位声卡只能处理 256 个精度单位，造成了较大的信号损失。

采样频率是一秒钟内对声音信号的采样次数，采样频率越高声音的还原就越真实越自然。采样频率通常有 11 kHz、22.05 kHz、44.1 kHz 三个等级，11 kHz 的采样率是播放声音的最低标准，是 CD 音质的四分之一；22.05 kHz 只能达到 FM 广播的声音品质，可以达到 CD 音质的一半；44.1 kHz 则是 CD 音质界限。实际上要想采集平常讲话的声音，用 11 kHz 的采样率就足够了。

（2）使用工具软件 Matlab 将音频文件转换为文本文件

① 自行录制一段声音：使用 Windows 附件中的"录音机软件"录制一段声音，录制前调整录制声音的位数和频率，比如说，选择位数是 16 位，采样频率是 8192（即每秒钟采取 8192 个点），然后按下录音键，录制声音"你好吗"，保存成 hello.wav 格式的文件。

② 将声音文件 hello.wav 转成数据文本文件 hello.txt。wav 是有格式文件，不能直接查看其数据，使用 Matlab 工具软件，可方便地将 hello.wav 声音文件里的数据提取并转成普通的文本数据文件 hello.txt，方法如下：

Matlab 命令行方式输入转化语句	hello.txt 文件内容
snd= importdata(´hello.wav´) x= snd.data save hello.txt - ascii	7.8125000e−003 −7.8125000e−003 −2.3437500e−002 ...

hello.txt 文件中数据的多少取决于录制的时间，具体数据个数＝时间×采样频率（此处为 8192）。

（3）使用工具软件 Matlab 调入声音文本文件并播放

先按教材中所给代码，将 hello.txt 文件中数据反序，并保存成 hello2.txt 文件；再用 MATLAB 播放，并转成相应的 wav 文件，具体操作如下：

```
load hello2.txt
sound(hello2)
wavwrite("hello2.wav",8192,16)
```

4.递归法求组合数

递归是一个逆向思考的过程,将问题域逐步缩小,直至某已知条件结束。下面举例说明如何得到组合序列(组合序列应用广泛,如本书"7.5 阅读提高"部分,求钢管截断的最佳方案):

(1)问题描述

求从 $1,2,\cdots,m$ 中任取 n 个数的所有组合序列($n\leqslant m$)。

(2)解决思路

一个组合序列称为一组,当组的第一个点确定后,问题转化成从 $m-1$ 个点中抽取 $n-1$ 个点。数据结构采用长度为 n 的数组来保存抽取的数据序号,具体如下:

①将 m 记入数组的最大项 a[n−1],这样抽取记录了一个点。

②如果抽取的不是最后一个点,问题就转化成从 $m-1$ 个点里抽取 $n-1$ 个点。

③如果抽取到最后一个点,就将数组里元素全部显示出来。

假如 $m=4,n=3$,即从 4 个数 4、3、2、1 中抽取 3 个数的组合。数组定义为 a[3],将最大点的最大值 4(m)和最大点的最小值 3(n)作为第一个数开始抽(抽取 $m-n+1$ 次,这里是 2 次,每次抽剩余数字的最大值)。

从最大点 4 开始抽取,过程如下:

  4 3 2 1 抽第一个数 4 ——————→进 a[2]

   3 2 1 抽第二个数 3 ——————→进 a[1]

    2 1 抽第三个数 2 ——————→进 a[0] 这里可以显示整个数组 4 3 2

     1 抽第三个数 1 ——————→进 a[0] 这里可以显示整个数组 4 3 1

   2 1 抽第二个数 2 ——————→进 a[1]

    1抽第三个数 1 ——————→进 a[0] 这里可以显示整个数组 4 2 1

从最大点 3 开始抽取,过程如下:

  3 2 1 抽第一个数 3 ——————→进 a[2]

   2 1 抽第二个数 2 ——————→进 a[1]

    1 抽第三个数 1 ——————→进 a[0] 这里可以显示整个数组 3 2 1

根据上面的抽取可以得到 4 3 2、4 3 1、4 2 1 和 3 2 1 共 4 个组合序列,下图可以更清楚地看到调用关系以及相应的数据:

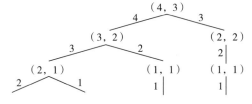

上图中(4,3)表示从 4 个数中抽 3 个数,其余类推。当(x,y)中,y 的值为 1 时,再抽取 1 次,程序即结束。

（3）算法步骤

循环 i 从 m 至 n 中取出最大点的每个最大值，置于最高位 a[n-1]；如果取出最后一个点（即 $n=1$），则打印显示数组元素；否则，从 $i-1$ 个点中取出 $n-1$ 个点。

（4）程序代码

```c
# include <stdio.h>
# include <stdlib.h>

void comb (int m, int n, int * a)
{
    static int NUM=n;          //这里设置静态变量 num 并初始化为 n,也可设为全局变量
    int i, j;
    for (i=m; i>=n; i--)
    {
        a[n-1]=i;
        if (n==1)
        {
            for (j=NUM-1; j>=0; j--)
            {
                printf ("%3d", a[j]);
            }
            printf("\n");
        }
        else
        {
            comb (i-1, n-1, a);
        }
    }
}
int main ()
{
    int m,n, * a;
    printf("请输入数据的个数 m:");
    scanf("%3d",&m);
    printf("请输入选取组合的个数 n:");
    scanf("%3d",&n);
    a=(int *)malloc(sizeof(int) * n);
    comb (m, n, a);
    return 0;
}
```

运行结果：

程序说明：

• 从 4 个数里取 3 个数有 4 种组合。程序每执行完一个分支，一维数组 a 就保存临时得到的一个组合序列，如果真正的数据在 data 数组里，则真正的组合数据应该是 data[a[j]−1]。

• 如果想保存所有的组合序列，就应该定义一个二维数组（或指针数组），在取得一个组合序列之后立即拷贝进二维数组中，即在 if (n==1) 里进行拷贝，此处省略代码。

5.回溯法求组合数

回溯法也称试探法，将问题的候选解按某种顺序枚举并检验。

回溯算法的基本思想是：从一条路往前走，能进则进，不能进则退回来，换一条路再试。

当某类问题可以分解，但是又不能得出明确的静态规划或是递归解法时，可考虑用回溯法解决。回溯法的优点在于其程序结构明确，可读性强，易于理解。在回溯法中，制定的顺序（也称为约束条件），对于穷举所有路径极其关键。下面，用回溯法求组合数：

（1）问题描述

求从 $1,2,\cdots,m$ 中任取 n 个数的所有组合序列。

（2）解决思路

用回溯法求组合序列，要满足以下两个条件（用数组来表示组合序列）：

① a[i]<a[i+1]，表示前一个数字小。

② a[i]−i<=m−n+1，表示 a[i] 的最大值是某一固定值与 i 的和。固定值 $m−n+1$ 表示所有组合数中首个数字的最大值。

例如，从 m 个数中取 n 个的组合，如从 1~5 中抽取 3 个数组合，满足上述条件：

①前一个数字小，则 a[0] a[1] a[2] 数据可以是：1 2 3，2 3 4，…，3 4 5；

②每位的最大值固定，因 $m−n+1$ 值为 3，故 a[0] a[1] a[2] 数据的最大值分别是 3 4 5。

具体求解过程如下：

首先，设置初始值：将最小序列 1 2 3 放入 a[0] a[1] a[2]，这是第一组数，满足上述两个条件。

其次，上调：在上组序列的基础上，选下一个序列。从末尾位置开始，先将 a[2] 的 3 调整为 4，再将 a[2] 调整为 5，依次得到序列 1 2 4 和 1 2 5。由于 5 不能再作调整，因此此位不再上调而是回溯。

最后，回溯：从 a[2] 回溯到 a[1]，这时，a[1]=2，可调整为 3，改变此位置之后的所有项，即本项之后的所有项均根据前项加 1，这样得到序列 1 3 4，这个 4 是根据 3 加 1 得到的。注意两点：第一，每次回溯均调整项后所有位（连续加 1），直到得到一个新组合序列；第二，每次回溯均从末位（本例末位是 a[2]）向前找回溯点。

反复执行上调、回溯,直至回溯到 a[0]。下面列出完整的回溯过程:

位置:0 1 2

数据:1 2 3

1 2 4——上调

1 2 5——上调

1 3 4——回溯

1 3 5——上调

1 4 5——回溯

2 3 4——回溯

2 3 5——上调

2 4 5——回溯

3 4 5——回溯

(3)算法步骤

取前 n 个数进数组

位置 cur 置于末尾第 n-1 位

while(true)

  if 无需回溯,即 a[cur]-cur<=m-n+1,先打印组合序列(数组),再将 cur 位置的数据值加 1;如果是最后一个序列,则退出。

  else,找回溯点,确定新组合数列

    while a[cur-1]-(cur-1)=m-n+1,表示 cur-1 位数据满

      回溯至 cur-1 位,即 cur=cur-1

      如果 cur=0,则表示首位数字满,中断回溯循环

    end while

    cur=cur-1 为回溯点

    回溯点数据值加 1

    回溯点后一位至尾,依据回溯点值顺次加 1 后,打印数组

    位置 cur 置于末尾 n-1 位,开始新一轮的回溯

end while(true)

(4)程序代码

```cpp
# include <iostream.h>
# include <stdio.h>
void pt(int * a, int n)
{
    for (int i=0; i<n; i++)
    {
        printf("%2d", a[i]);
    }
}
```

```
        printf("\n");
}


void comb(int m,int n,int a[])
{
    int counts=0,i=0,j=0;
    for (i=0;i<n;i++)
    {
        a[i]=i+1;
    }
    int cur=i−1;                          //位置定于末尾
    do
    {
        if (a[cur]−cur<=m−n+1)            //无需回溯
        {
            pt(a,n);                      //打印显示
            a[cur]++;                     //得到一个新的排列
            if(a[0]==m−n+1) break;
            else continue;
        }
        else                              //需回溯
        {
            //确定回溯点 cur
            bool flag=false;
            while(a[cur−1]−(cur−1)>m−n)
                                          //数据满,继续找,等同 a[cur−1]−(cur−1)==m−n+1
            {
                cur=cur−1;
            }
            cur=cur−1;                    //回溯点定位完成
            a[cur]++;                     //自身加 1
            //从回溯点开始改变数据
            for (j=cur+1;j<n;j++)         //cur 之后的值根据 a[cur]值改变
            {
                a[j]=a[j−1]+1;
            }
            cur=n−1;                      //cur 到最后一位,这也是每次回溯的起点
        }
    } while(true);
}
```

```
int main()
{
    int m,n, * a;
    cout<<"请输入数据的个数 m:"; cin>>m;
    cout<<"请输入选取组合的个数 n:";cin>>n;
    a=new int[n];
    comb(m,n,a);
    return(0);
}
```

运行结果：

程序说明：

• 运行得到组合标号，从 5 个数里取 3 个数的组合有 10 种情况。一维数组 a 保存了临时得到的一个组合序号，如果真正的数据在 data 数组里，则应该是 data[a[j]−1]。

• 如果想保存所有的组合序列应该定义一个二维数组（或指针数组），在取得一个序列之后立即拷贝进二维数组中。在调用 pt 函数前进行拷贝即可，这里不再提供代码。

6. 关于全排列的解决方案

全排列指将所有给定的数都进行排列，即从 n 个数中抽取 n 个数，按不同顺序进行排列而得到的数据序列。为讨论方便，下面以给定数据各不相同为例进行讲解。例如，若给定的数是 1、2、3，则全排列有 6 种：1 2 3、1 3 2、2 3 1、2 1 3、3 1 2、3 2 1。

解决思路 1：从这 3 个数里抽一个数作为第一个数，再抽第二个，再抽第三个，可用三重循环描述抽取过程，注意在内循环里要保证抽取的数不能与外循环的数相同。

程序代码：

```
# include <stdio.h>
int main()
{
    int i,j,k,l,m,n, *p;
    printf("请输入全排列数据个数,必须输入 3:");
    scanf("%d",&n);
    p=new int[n];
```

```
        printf("请输入数据:");
        for (i=0;i<n;i++)
        {
            scanf("%d",&p[i]);
        }

        printf("全排列结果:\n");
        for (i=0;i<n;i++)
        {
            for (j=0;j<n;j++)
            {
                if (i==j)
                {
                    continue;
                }
                for (k=0;k<n;k++)
                {
                    if (i==j||i==k||j==k)      //条件 i==j 可去除
                    {
                        continue;
                    }
                    printf("%d %d %d\n",p[i],p[j],p[k]);
                }
            }
        }
        return 0;
}
```

运行结果:

程序说明:抽取 3 个数需要 3 重循环,抽取 4 个数需要 4 重循环,故此程序不通用。

解决思路 2:将 3 个数作为一个集合来看,按顺序从里面抽一个数(抽数后,原来的集合数据都还在),标记为已用(1),然后再从里面按顺序抽取一个数,标记为已用(0),如此抽下去,抽满 3 个结束。具体算法步骤如下:

循环抽取一数字 x
　　若 x 可用
　　　　标记 x 已用
　　　　循环抽取一数字 y
　　　　　　若 y 可用
　　　　　　　　标记 y 已用
　　　　　　　　循环抽取一数字 z
　　　　　　　　　　若 z 可用
　　　　　　　　　　　　标记 z 已用
　　　　　　　　　　　　打印 x y z
　　　　　　　　　　　　标记 z 可用
　　　　　　　　标记 y 可用
　　　　标记 x 可用

程序代码:

```
# include <stdio.h>
int main()
{
    int n, *p, * user;
    printf("请输入全排列数据个数,必须输入 3:");
    scanf("%d",&n);
    p=new int[n];
    user=new int[n];

    printf("请输入数据:");
    for (int ii=0;ii<n;ii++)
    {
        user[ii]=0;
        scanf("%d",&p[ii]);
    }

printf("全排列的结果如下:\n");
for (int i=0;i<n;i++)

{
    if (user[i]==0)
    {
        user[i]=1;                      //1轮开始,取出第1位,用1标记
        for (int j=0;j<n;j++)
        {
            if (user[j]==0)
```

```
        {
            user[j]=1;          //取出第 2 位,用 1 标记
            for (int k=0;k<n;k++)
            {
                if (user[k]==0)
                {
                    user[k]=1;//取出第 3 位,用 1 标记
                    printf("%d %d %d\n",p[i],p[j],p[k]);
                    user[k]=0;//用 0 标记第 3 位
                }
            }
            user[j]=0;          //用 0 标记第 2 位
        }
    }
        user[i]=0;             //1 轮结束,用 0 标记第 1 位
    }
    }
    return 0;
}
```

运行结果:

程序说明:抽取 3 个数需要 3 重循环,抽取 4 个数需要 4 重循环,…,故此程序也不通用。尽管不够通用,但是在解决不同数据的提取上有很好的思路。这个思路就是:提取、标记、归还,并且不同数据的取法相同。

解决思路 3:借鉴解决思路 2,结合递归思想,可将提取 n 个点的问题,转化成提取 $n-1$ 个点的问题。此方案不限 n 值的大小,因此具有通用性。

程序代码:

```
# include <stdio.h>
//下面设置 2 个全局数组 user 和 mark
int * user;                      //标记值数组
int * mark;                      //记录一个全排列元素下标的数组
void fullPermutation(int *p,int n,int point)
//p,n 表示原始数组信息,point 表示起点
```

```
{
    for (int i=0;i<n;i++)
    {
        if (user[i]==0)
        {
            user[i]=1;                      //标记 i 被使用
            mark[point]=i;                  //记录下标号

            if (point<n)
            {
                fullPermutation (p,n,point+1);
            }
            else
            {
                for (int j=1;j<=n;j++)
                {
                    printf("%d",p[mark[j]]);
                }
                printf("\n");
            }
            user[i]=0;
        }
    }
}

int main()
{
    int n, *p;                              //P 为原始数值数组

    printf("请输入全排列数据个数:");
    scanf("%d",&n);
    p=new int[n];
    user=new int[n];
    mark=new int[n+1];

    printf("请输入数据:");
    for (int i=0;i<n;i++)
    {
        user[i]=0;                          //初始化为 0
```

```
        scanf("%d",&p[i]);
    }
    printf("全排列的结果如下:\n");
    fullPermutation (p,n,1);              //表示从第 1 个点开始查找
    return 0;
}
```

运行结果:

程序说明:

①fullPermutation 模块代码中使用了两个全局数组 user 和 mark。如果不用全局数组,则可在 main 中设置这两个数组为局部数组,传递给 fullPermutation,这样递归函数的形式改变为:fullPermutation (int *p,int * user,int * mark,int n,int point)。

②在 fullPermutation 的 else 部分,可以将得到的排列数组保存至二维数组。

注意:若给定的数组存在相同数据,如给定的数据是 1 3 1,则结果显示的 6 种序列有重复数列。

7. 关于部分排列的解决方案

部分排列,即从 m 个数中抽取 n 个数的所有排列($m > n$),其序列如何得到呢? 这里给出一种解决思路:首先通过递归(见上述 4)或回溯方法(见上述 5)得到所有的组合序列,然后对每个组合序列用上述的递归全排列方案得到其全排列即可。代码如下:

```
# include <stdio.h>
# include <iostream.h>
# include <stdlib.h>
int * user;                          //标记值数组
int * mark;                          //记录一个全排列元素下标的数组
int *pp;                             //原始数据数组,长度 m
int *p;                              //一个组合数中数据形成数组,长度 n

void fullPermutation(int *p,int n,int point)   //求 p 数组的全排列
{
    //代码见 6,关于全排列的解决方案,解决思路 3
}

void comb(int m,int n,int a[])        //求 m 个数中抽取 n 个数的组合序列,组合序列数组为 a
{
    //代码见 5.回溯法求组合数代码中 comb 部分
}
```

```
//5.回溯法求组合数代码,pt 模块改变如下,根据 a 数组中下标得到实际组合序列 p
void pt(int * a,int n)
{
    for (int i=0;i<n;i++)
    {
        p[i]=pp[a[i]−1];                 //通过一个下标数组 a,得到一个组合序列数组 p
    }
    fullPermutation(p,n,1);              //对于一个组合序列 p,找出所有的全排列
}


int main()
{
    int m,n, * a;                        //组合数序号在 a 数组
    printf("请输入数据的个数 m:");
    scanf("%d",&m);
    pp=(int *)malloc(sizeof(int) * m);
    printf("请输入具体数据:");
    for (int i=0;i<m;i++);
    scanf("%d",&pp[i]);
    printf("请输入部分排列的个数 n:");
    scanf("%d",&n);
    a=(int *)malloc(sizeof(int) * n);

    user=(int *)malloc(sizeof(int) * n);
    mark=(int *)malloc(sizeof(int) * n);
    for (i=0;i<n;i++) user[i]=0;         //user 为全局变量,这里也可不赋值为 0
    p=(int *)malloc(sizeof(int) * n);    //p 中数据通过 pp,由下标数组 a 转化而来

    printf("排列的结果如下:\n");
    comb(m,n,a);
    return(0);
}
```

运行结果:

8. 如何从不重复数据的数组中抽取不重复数

在抽奖活动中,需要从大量的身份证号码中随机抽取不同的号码,如何做到每个号码的随机同概率抽取呢?

通常的思路是定义一个身份证号码数组,如在 1000 人中抽取 5 人,则定义 array[1000],然后 5 次通过公式 rand()%(999−0+1)+0 得到 5 个[0,999]之间的随机序号,以这个序号确定中奖人。但这个思路有问题,因为公式产生的是伪随机整数,5 次选择的序号可能有重复。

正确的思路:以数组数据 23、32、66、78、54、99、77、45、55、30 为例,共 10 个数据(序号从 0 到 9),抽取 5 个不重复的数。

第一次:从 0~9 序号里随机抽取一个序号,将其所对应的元素与第 0 个元素互换,并输出,得到第一个数。如 54 与 23 交换后,输出 54。

第二次:从 1~9 序号里随机抽取一个序号,将其所对应的元素与第 1 个元素互换,并输出,这样得到第二个数。如 45 与 32 交换后,输出 45。

如此进行下去,直到第 5 次结束。

模块代码:

```cpp
# include <Statis.h>
# include <Int.h>
void extractNoRepeat(int *pArray,int n,int num)        //此模块归属于 Statis
{
    srand((unsigned)time(NULL));
    for (int i=0;i<num;i++)
    {
        int t=rand()%(n-1-i+1)+i;        //得到[i,n-1]之间的一个随机序号
        swap(&pArray[i],&pArray[t]);        //swap 模块归属于 Int
        cout<<pArray[i]<<" ";
    }
    cout<<endl;
}
```

测试主模块代码:

```cpp
# include <stdio.h>
# include <time.h>
# include <stdlib.h>
# include <iostream.h>
int main()
{
    int array[10]={23,32,66,78,54,99,77,45,55,30};
    extractNoRepeat(array,10,5);
    extractNoRepeat(array,10,5);
    return 0;
}
```

程序运行结果：

77　23　99　78　45

32　66　99　45　30

从程序结果看,两次抽取的是真正不同的随机数序列。

9.读入文件，进入数组，并解决数组空间不足的问题

教材 7.7.2 简单成绩文件的读写案例中,存在数组空间不足的可能性,下面给出两种解决方案,并提供程序代码。

方案一:编写一个模块得到文件中的数据个数,据此生成数组,再读入数据。

程序代码:

```
#include <stdio.h>
int getNums(FILE *pFile)
{
    int i=0;
    float temp;
    while(fscanf(pFile,"%f",&temp)==1)i++;
    fseek(pFile, 0, SEEK_SET);              //回到文件头部
    return i;
}
void readFromFile(FILE *pFile,float *pArray,int n)
{
    while(fscanf(pFile,"%f",pArray++)==1)
    {
        ;
    }
}


int main()
{
    FILE *pFile;
    pFile=fopen("a.txt","r");
    int n=getNums(pFile);                   //得到文件中数据的个数
    float *pScore=new float[n];             //根据个数,动态产生数组
    readFromFile(pFile,pScore,n);


    for (int i=0;i<n;i++)
    {
        printf("%f\n",pScore[i]);
    }
}
```

方案二:将指针变量的地址传过去(这实际上是 2 级指针),目的是改变其中的地址值。这时,新数组空间肯定不是原来的空间了。

程序代码:

```
#include <stdio.h>
void readFromFile(FILE *pFile,float * *pp,int *pn)
{
    int i=0;float temp;
    while(fscanf(pFile,"%f",&temp)==1)
    i++;
    *pn=i;
    fseek(pFile, 0,SEEK_SET);            //回到文件头部

    float *pArray;
    pArray=new float[i];
    *pp=pArray;                          //申请后的新空间立即交给 *pp

    while(fscanf(pFile,"%f",pArray)==1)
    {
        pArray++;
    }
}
int main()
{
    FILE *pFile;
    pFile=fopen("a.txt","r");

    float *pScore;
    int n=0;
    readFromFile(pFile,&pScore,&n);

    for (int i=0;i<n;i++)
    {
        printf("%f\n",pScore[i]);
    }
}
```

7.3 思维训练题——自测练习

1. 简答题

(1)定义一维整型数组 int a[10],请回答该数组的数组名是什么？数组名的实质是什么？

(2)在 C/C++中,一维数组的长度是 10,那么数组元素标号范围是多少？

(3)一维数组名为 a,则 $a+1$ 指向数组中的哪个元素？

(4)一维数组 a 中第 i 个元素的表示有哪两种方法？

(5)一维数组最重要的两个指标是什么？

(6)一维指针数组如何定义？一维指针数组有什么应用价值呢？

(7)动态产生一个一维整数数组并操作其中的数据。

(8)* 动态产生一个二维整数数组并操作其中的数据。

(9)为什么可以将二维数组以一维数组的眼光来观察？

(10)一个二维整数数组(如 a[M][N]),它的数据存储变化是从列先开始变,如果以一个普通指针的眼光去看,从头开始走,走到它的第 i 行第 j 列,要按顺序向前走多少步？

2. 选择题

(1)一维数组定义如:int a[10]={1,2,3},则 a[4]的值是(　　　)。

    (A)不确定　　　　　(B)1　　　　　(C)0　　　　　(D)访问非法

(2)一维数组定义如:int a[10]={1,2,3},若 a 的值是 xxxx,则 a+1 的值是(　　　)。

    (A)xxxx+1　　　(B)xxxx+4　　　(C)xxxx+4 * 3　(D)a+1 为非法操作

(3)下面(　　　)定义数组的语句是错误的。

    (A)int a[];　　　　　　　　　　(B)int a[10]={1,3,4};

    (C)int a[10];a=new int [10];　　(D)int a;a=new int [10];

(4)二维数组定义为:int a[3][4],那么这个二维数组可容纳整数个数有(　　　)。

    (A)12　　　　　(B)48　　　　　(C)3　　　　　(D)4

(5)从一个简单的文本文件里读数据,下面(　　　)函数是正确的。

    (A)scanf　　　　(B)fscanf　　　(C)printf　　　(D)fprintf

(6)给定一个函数原型是:void writeToFile(FILE *pFile,float *pArray,int n),请解释这个函数的用意(　　　)。

    (A)将小数型一维数组写到文件里去　(B)将整数型数组写到文件里去

    (C)将小数型二维数组写到文件里去　(D)无法准确理解这个模块含义

(7)给定语句如下:"float *a[10];",下面(　　　)解释是正确的。

    (A) *a[10]是指针数组,数组的长度是 10

    (B) *a[10]是数组指针,指向长度为 10 的数组

    (C) a 是数组名,a 实质上是二级指针

    (D) a 是数组名,a 实际上是一级指针

(8)定义一个一维数组 int a[10],要想访问它的第6个元素,下列( )方法是错误的。

(A)a[5]　　　　　(B)a+5　　　　　(C)*(a+5)　　　　　(D)*(&a+5)

(9)*与++符号都是单目运算符,但++置后级别更高,根据单目运算符的左结合性原则,*pnum++与*(pnum++)是等价的,下面关于*(pnum++)与(*pnum)++的描述,( )是正确的。

(A)*(pnum++)表达式:取出 pnum 所指向的内容后,pnum 指针自身+1;而(*pnum)++表达式:取出 pnum 所指向的内容后,pnum 指向内容+1。所以一个是地址增加,一个是内容增加。

(B)*(pnum++)与(*pnum)++表达式值相同。

(C)*(pnum++)与(*pnum)++两个表达式关键看()套在哪里,套在指针上是取出值之后指针的增加,套在内容上是取出值之后内容的增加。

(D)*(pnum++)与(*pnum)++表达式的地址相同。

(10)二维数组 a[3][4],关于它的第 I 行第 J 列元素的值,下面表示法错误的是( )。

(A)*(*(a+I)+J)　　　　　　　　(B)a[I][J]

(C)*(a[I]+J)　　　　　　　　　(D)a(I)(J)

3. 判断题

(1)数组里放的都是整数时称其为"整数数组",放的都是地址时称其为"指针数组"。

( )

(2)对于一维数组,最重要的两个指标是数组的头地址和数组长度,这两个值在数组作函数参数时一般是结伴给出。 ( )

(3)在C/C++里,二维数组排放数据的顺序是先走行,再走列。 ( )

(4)数组作函数实参,会向另外一个模块拷贝整个数组元素。 ( )

(5)静态定义数组 a,可以用 sizeof(a)来求这个数组所占空间的大小。 ( )

(6)数组既可以静态地申请空间,也可以动态地申请空间,这两者没有任何区别。 ( )

(7)一般全局变量定义位置在 cpp 文件里,而在 h 文件里进行声明,如定义:"int A;",那么声明的格式应该是:"extern int A;"。 ( )

(8)将一个数组传递给另外一个模块,也即数组作参数时,为了防止这个数组在此模块内被修改,可以在形参类型前加上 const。 ( )

(9)在传递二维、三维数组时,一个通用的方法是将这些数组的头地址转成普通的地址,在模块里将二维数组元素、三维数组元素原来的两种下标[][]、三种下标[][][]转换成用一个下标[]来表示。 ( )

(10)将整数或小数数组里的元素保存成文件,使用 fprintf 语句在格式控制时,中间加上了空格或 TAB,其目的是分隔保存的数据,否则数据全部都挤在一起,无法识别。 ( )

(11)静态定义的二维数组实质是伪二级指针,而指针数组是真正的二级指针。 ( )

(12)指针数组表示一批地址,而数组指针表示的只有一个地址。 ( )

(13)数组在计算机的内存空间里存放数据是连续存放的。 ( )

4. 读程序

(1)读程序,写结果。

```cpp
int main()
{
    int num[3]={1,4,9};
    int *pnum=num;
    cout<<(*pnum)++;
    cout<<*pnum++<<endl;
    return 0;
}
```

(2)读程序,写含义。

```cpp
int getNumsFromFile(FILE *pFile)
{
    float temp;
    int nums=0;
    while (fscanf(pFile,"%f", &temp)==1)
    {
        nums++;
    }
    return nums;
}
```

5. 编程题(同型基础)

模仿教材 7.6.1 中 getMax 模块,编写模块,求一维小数数组元素的最小值。

[模块设计]

[问题罗列]

6. 编程题(同型基础)

模仿教材例 7.4 中的 sort 排序模块,编写模块,按从大到小的顺序对小数数组进行排序。

[模块设计]

［问题罗列］

7.编程题（同型基础）

编写模块 arrayCpy,将一个一维整型数组中的内容拷贝到另一个同长度的一维整型数组中,并编写主模块测试这个模块。

［模块设计］

［问题罗列］

7.4　思 维 训 练 题——答 辩 练 习

8.编程题（变式答辩）

编写模块 arrayRevert,将给定的一维小数数组的元素倒序放置到另外一个一维小数数组(源数组和目标数组的长度相同),例如,原来数组里的元素是 1、3、45、7、9,经过 arrayRevert 模块之后新的一维数组内容变为 9、7、45、3、1。

提示:模块形式为 void arrayCopyRevert(int *pDes,int *pSrc,int n)。

［模块设计］

［问题罗列］

9.编程题（变式答辩）

学生分数一维数组记录的删除。编写模块 delScore,根据给定的一维分数数组、删除序号和真实人数 NUM(全局变量),删除数组中的某个值。此模块可归属于 ScoreManager。

提示:delScore 模块归属 ScoreManager,作为本章实验的一个功能模块。删除序号是 No.,其在数组中真正的标号是 No.－1(数组元素从 0 开始标记),即删除 score[No.－1],

124

其实就是将 No. 至 NUM−1 的所有内容前移一格就可以了。代码如下：

解决思路	核心代码
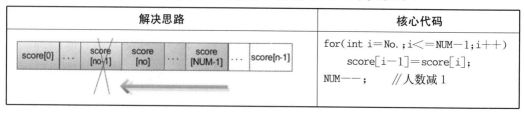	```for(int i=No.;i<=NUM−1;i++) score[i−1]=score[i]; NUM−−; //人数减1```

［模块设计］

［问题罗列］

10. 编程题（变式答辩）

学生分数一维数组记录的删除。编写模块 delScore，根据给定的一维分数数组、删除序号、真实人数 num（局部变量），删除数组中的某个值。此模块可归属于 ScoreManager。

提示：思路同上一题，但本题要求真实人数变量的地址以参数形式传递至 delScore 模块。

［模块设计］

［问题罗列］

11. 编程题（变式答辩）

编写模块 getFibN，求斐波那契数列的前 n 项（使用数组）。

［模块设计］

［问题罗列］

12.编程题（变式答辩）

请按合作编程的工作模式根据以下要求画出模型图,并具体划分工作职责。难度等级说明:A 级－基本,B 级－提高,C 级－最高。

(1)分数管理系统的设计与实现（难度等级,A 级）

数据结构:每位学生的信息（如学号、姓名、分数）用类型 Score 表达,所有学生信息是结构体数组,如 Score scoreAll[40]。

功能模块:以下可归于 ScoreManager。

  成绩录入:例如,void inputScore(Score * pScoreAll,int n,int * pNum)

  成绩显示

  成绩查询:以下各子项可归于 ScoreManager_query

   按学号查询

   按姓名查询

  成绩统计:以下各子项可归于 ScoreManager_statis

   得到总分、平均分

   得到方差

  成绩排序

  成绩保存

  成绩调入

(2)图书管理系统的设计与实现（难度等级,A 级）

数据结构:每本书的信息（如 CIP、书名、作者、价格、出版社、ISBN）用类型 Book 来表达,所有信息是结构体数组,如 Book bookAll[1000]。

功能模块:输入功能、输出功能、查询功能（根据号码查、根据姓名查、模糊查询）、删除功能、保存功能、调入功能等。

(3)实验学习系统的设计与实现（难度等级,A 级）

提示部分:将所有实验代码的主模块改为自定义模块,以备调用。

功能模块:根据菜单提示,选择某实验后,执行以下功能:

  运行本次实验程序

  显示本次实验代码

  分析本次实验核心

(4)档案管理系统的设计与实现（难度等级,B 级）

数据结构:每位职工的信息（如工号、姓名、年龄、电话、家庭住址、职业、单位、部门编号）用类型 Info 来表达,所有信息是结构体数组,如 Info infoAll[40]。

功能模块:以下可归于 InfoManager,可细化 InfoManager_input, InfoManager_display 等。

  信息录入:例如,void inputInfo(Info * pInfoAll,int n,int * pNum)

信息显示

信息查询:以下各子项可归于 InfoManager_query,可细化 InfoManager_query_gh 等

按工号查询

按姓名查询

按单位查询

按单位＋部门编号查询

信息排序:以下各子项可归于 InfoManager_ sort,可细化 InfoManager_ sort _gh 等

按工号排序

按姓名排序

按单位排序

按单位＋部门编号排序 *

信息保存

信息调入

(5)中英文翻译器的设计与实现(难度等级,B 级)

数据结构:指针数组保存中文和英文。

功能模块包括:可归于 Dict。

调入词库

保存词库

修改词库

中－英翻译

英－中翻译

(6)财务管理系统的设计与实现(难度等级,C 级)

数据结构:收入信息(编号、收入类型、金额、年度、月份),用结构体 inCome 来表达,所有收入信息用结构体数组表达,如 inCome inComeAll[40]。

支出信息(编号、支出类型、金额、年度、月份),用结构体 outCome 来表达,所有支出信息用结构体数组表达,如 outCome outComeAll[40]。

功能模块:下面只列出收入部分,支出部分没有列出。

收入管理:以下可归于 InComeManager。

收入输入

收入显示

收入查询:以下各子项可归于 InComeManager_query

按输入类型查询

按年、月查询

统计分析:以下各子项可归于 InComeManager_statis

统计某年某月的收入总和

统计某年收入总和

统计所有的收入总和

收入保存

收入调入

支出管理:功能同收入管理,可归于 OutComeManager。

收支分析:可归于 InOutStatis。

某个月的收入与支出分析

某年的收入与支出分析

所有的收入与支出分析

7.5 思 维 训 练 题——阅 读 提 高

13. 编程题(提高初级)

编写模块,根据给定的一维数组,将数组前后项倒置。如数组原数据为:1、3、5、7、9,倒置后数组元素顺序是:9、7、5、3、1。

提示:模块形式为 void arrayRevert(int *pArray,int n)。

[模块设计]

[问题罗列]

14. 编程题(提高初级)

编写模块,统计一个整数数组中所有正数的和,并编写主模块测试。

[模块设计]

[问题罗列]

15. 编程题（提高初级）

下面程序是求某年某月某日距离这一年的年初有多少天。请根据此程序,将求天数部分单独编写成一个模块 getPassDays。

```cpp
#include <iostream.h>
int main()
{
    int days[13]={0,31,28,31,30,31,30,31,30,31,30,31,30};
    int year,month,day,sum=0;
    cout<<"please input(year,month,day):";
    cin>>year>>month>>day;
    for (int i=0;i<month;i++)
    {
        sum+=days[i];
    }

    if (year%4==0&&year%100!=0||year%400==0)
    {
        sum+=1;
    }
    sum+=day;
    cout<<sum;
    return 0;
}
```

16. 编程题（提高中级）

给定一个有序数组,知其长度和即将插入的一个数据,编写模块 insertSequenceArray,确保插入后依然保持有序状态。例如,"int a[10]={3,10,19,30};"有效排序数据是 4 个,在 a 里插入数据 18,数组 a 的内容会是{3,10,18,19,30}。

提示:这是循环问题。在有效个数范围内找到插入的点 i;将[i,有效长度-1]范围内所有数后移一格即可。模块形式为 void insertSequenceArray (int *pA,int n,int *pNum,int data),其中 n 是数组长度,而 *pNum 是有效数据的真实长度。

［模块设计］

[问题罗列]

17. 阅读题（提高中级）

给定一个整型数组（里面存放若干数据），求其众数及众数个数。请阅读下面程序回答：若给定数据不止一个众数，如何调整程序。

主模块代码	自定义模块代码
| ```c++
# include <iostream. h>
int main()
{
    int a[10]={11,22,32,23,32,32,11,22,567,1023};//原始数据
    int aa[10]={0};//存放不重复数
    int pd[10]={0};//存放不重复数的个数
    int j=0,pos;//j 表示 aa 中不重复数据个数,pos 表示 a[i]在 aa 中位置
    for (int i=0;i<10;i++)
    {
        if ((pos=inAa(aa,j,a[i]))==-1)
                        //a[i]在 inAa 中位置-1,表示不在其中
        {
            pd[j]++;
            aa[j]=a[i];
            j++;
        }
        else
        {
            pd[pos]++;
        }
    }
    int maxPos=getMax(pd,j);
    cout<<"众数"<<aa[maxPos]<<"众数个数"<<pd[maxPos]<<
endl;
}
``` | ```c++
int inAa(int aa[],int l,int x)
{
    for (int i=0;i<l;i++)
    {
        if (x==aa[i])
        {
            return i;
        }
    }
    return -1;
}


int getMax(int pd[],int l)
{
    int max=-1,pos=-1;
    for (int i=0;i<l;i++)
    {
        if (pd[i]>max)
        {
            max=pd[i];
            pos=i;
        }
    }
    return pos;
}
``` |

130

18.阅读题（提高中级）

请阅读并比较下面程序,说出二维数组的不同传递及使用方式并写出各自优势。

代码1:二维数组作普通指针传递	代码2:二维数组作数组指针传递

<pre># include <iostream. h> 	
void displayArray2(int *pA,int m,int n)
{
    for (int i=0;i<m;i++)
    {
        for (int j=0;j<n;j++)
        {
          cout<<pA[i * n+j];
        }
    }
}
int main()
{
    int a[2][3]={{1,2,3},{11,22,33}};
    displayArray2((int *)a,2,3);
    return 0;
}</pre>
	<pre># include <iostream. h>
	void displayArray2 (int pA[][3],int m,int n)
	{
	    for (int i=0;i<m;i++)
	    {
	        for (int j=0;j<n;j++)
	        {
	          cout<<pA[i][j];
	        }
	    }
	}
	int main()
	{
	    int a[2][3]={{1,2,3},{11,22,33}};
	    displayArray2 (a,2,3);
	    return 0;
	}</pre>

`1 2 3` `11 22 33`	`1 2 3` `11 22 33`
优势:＿＿＿＿＿＿＿＿	优势:＿＿＿＿＿＿＿＿

19.阅读题（提高高级）

求解钢材切割的最佳订单(本题来源于2010全国ITAT教育工程就业技能大赛决赛)。

(1)描述:从给定的一组订单中(如一组订单有5个,长度分别为8、4、3、2、19的钢管),找出加工1件、2件的最佳方案,要求每种方案里钢材的损耗最小(每次切割损耗约定值为2,一根原型钢材长度约定值为28)。

(2)输入:钢材总长度 s、订单数 n、各订单需要的钢材长度。

(3)输出:可以使钢材得到最佳利用的方案。

运行结果:

```
Please input total LENGTH of the steel:28
Please input number of order:5
Please input the orders:8 4 3 2 19
每次取1个数的最佳方案
    订单号:5长度19
每次取2个数的最佳方案
    订单号:2长度4  订单号:5长度19
每次取3个数的最佳方案
    订单号:3长度3  订单号:4长度2  订单号:5长度19
每次取4个数的最佳方案
    订单号:1长度8  订单号:2长度4  订单号:3长度3  订单号:4长度2
每次取5个数的最佳方案
    没有方案

综述--最最优方案可截取总长度24,可截取3段
    订单号:3长度3  订单号:4长度2  订单号:5长度19
```

解题思路:假如按上面给定的数据,总长度是 28,订单数是 5,订单的长度分别是 8、4、3、2、19。要找到最佳利用总长度方案的关键不仅要看截断后各长度最接近总长度,还要看利用率,如果要截很多次(每次损耗 2),那可能会造成很大的浪费,所以要综合考虑截的个数和接近总长度两个指标。这里,只给出每种截法的最佳方案,至于选择哪种方案,要根据实际情况来考虑。

从技术角度来看,应该从 5 个数里随机取 1 个、2 个、3 个、4 个、5 个共 5 种情况,考虑每种情况下的最接近总长度的序列。所以本题最关键的是如何从 5 个数里随机取 1 个、2 个、3 个等各种组合,知道了组合情况,只要将组合序列所对应的数据加在一起,然后再判断哪个最接近 28 就可以了。组合数的抽取见本章"解释与扩展"。

为了简化程序,本程序里表达组合序列的数组等全部使用了全局变量。分类最佳方案在 bestScheme 里给出,总体最佳方案在 bestbestScheme 里给出。

```c
# include <stdio.h>
# define MAX 100
int data[MAX];          //原始数据
int a[MAX];             //组合数序列
int b[MAX][10];         //某方案存放最优的序列对应数据,设置最多10个订单,统一设一个数组
int c[MAX][10];         //某方案存放最优的序列,设置最多10个订单,统一设一个数组
int bAll[MAX][10];      //综合各方案最优序列对应数据
int cAll[MAX][10];      //综合各方案最优序列数据
int COUNTS=0;           //记录每种方案里的个数,如每次取3的方案里有2种,COUNTS即为2
int COUNTSALL=0;        //记录综合最优方案行序号
int SUM=0,BEST=0;       //SUM表示每种组合的和,BEST是每种组合和的最大值

int LENGTH;             //总长度
int M;                  //M表示订单数
int N;                  //从M中选择N个,如1,2,3,…

void bestScheme()       //根据已经知道的序列来得到最佳序列数组和最佳序列所对应的数据数组
{
    //b和c中只放最佳序列,给定数据不重复,则只有一行,重复一次则多一行(二行)

    //不同方案SUM相同,则进入
    if (SUM-2<=LENGTH&&SUM==BEST)
    {
        for (int k=0;k<N;k++)
        {
            b[COUNTS][k]=data[a[k]]-1;
            c[COUNTS][k]=a[k];
        }
    }
```

```
        COUNTS++;
    }


    //SUM 最佳,则进入
    if (SUM-2<=LENGTH&&SUM>BEST)
    {
        BEST=SUM;
        COUNTS=0;
        for (int k=0;k<N;k++)
        {
            b[COUNTS][k]=data[a[k]-1];      //真实数据放入二维数组
            c[COUNTS][k]=a[k];
        }
        COUNTS++;
    }
}


void comb (int m, int n)                    //关键模块,得到组合数,并计算每种组合的和
{
    int i, j;
    for (i=m; i>=n; i--)
    {
        a[n-1]=i;
        if (n==1)                           //每得到一个组合序列,就计算其和 SUM
        {
            SUM=0;
            for (j=N-1; j>=0; j--)          //注意,这里是 N,不是 n
            {
                SUM=SUM+data[a[j]-1]+2;
            }
            bestScheme();
        }
        else
        {
            comb(i-1,n-1);
        }
    }
}
```

```
void init()                          //初始化数据模块
{
    COUNTS=0;
    SUM=0;
    BEST=0;
}


void print()                         //打印显示每种最佳方案
{
    printf ("每次取％d 个数的最佳方案\n", N);
    if (COUNTS==0)
    {
        printf ("没有方案\n");
    }
    for (int i=0;i<COUNTS;i++)
    {
        cAll[COUNTSALL][0]=bAll[COUNTSALL][0]=N;
        for (int j=0;j<N;j++)
        {
            printf ("订单号：％d 长度％d", c[i][j],b[i][j]);
            cAll[COUNTSALL][j+1]=c[i][j];
            bAll[COUNTSALL][j+1]=b[i][j];
        }
        COUNTSALL++;
        printf("\n");
    }
}


void bestbestScheme()
{
    int max=-9999,sum=0,best;
    for (int i=0;i<COUNTSALL;i++)
    {
        sum=0;
        int n=cAll[i][0];
        for (int j=1;j<=n;j++)
        {
            sum=sum+bAll[i][j];
        }
```

```
            if (sum>max)
            {
                max=sum;
                best=i;                        //记录最最优行
            }
        }

        printf ("\n综述——最最优方案可截取总长度%d,可截取%d段\n",max,bAll[best][0]);
        for (int j=1;j<=bAll[best][0];j++)
        {
            printf ("订单号:%d长度%d",cAll[best][j],bAll[best][j]);
        }
        printf("\n");
}


void inputBaseInf()
{
    printf("Please input total LENGTH of the steel:");
    scanf("%d",&LENGTH);

    printf("Please input number of order:");
    scanf("%d",&M);

    printf("Please input the orders:");
    for (int i=0;i<M;i++)
    {
        scanf("%d",&data[i]);
    }
}


int main ()
{
    inputBaseInf();
    for (N=1;N<=M;N++)
    {
        init();
        comb(M,N);                        //M个数,每次取N个的组合方案
        print();
    }
    bestbestProj();                       //最最优方案
    return 0;
}
```

7.6 上机实验

[实验题目]

编写学生成绩管理系统,选择一个功能号时可以执行相应的功能。其中数据录入模块功能是一次录入一个学生分数;数据显示模块功能是显示当前所有学生的分数;数据删除模块功能是输入一个序号后,删除这个序号所指定的分数;数据排序功能是将当前所有的学生分数按从小到大进行排序。界面如下所示:

欢迎进入学生成绩管理系统

1 数据录入   2 数据显示

3 数据删除   4 数据排序

5 退出系统

请选择功能号(1,2,3,4,5)

[实验要求]

①主模块定义记录全班成绩的一维数组,长度为40。

②设置一个全局变量 NUM 用来记录当前真实的人数。

③录入模块中当 NUM 超过40人,提示出错。

④删除模块中当 NUM 等于0时,删除无效,提示出错。

⑤所有模块返回设定为 void。

⑥要求用多文件来解决,主模块所在源文件为"ScoreManageMain. cpp;",自定义模块如果涉及学生的操作归属于 ScoreManager,如果有其他需要可参考其他归属。

[实验提示]

①本系统是一个学生成绩管理系统的雏形,为后续的各次实验提供最原始的框架。

②本题要求用多文件来编写程序,各文件名应该命名规范。推荐的名字:主模块所在源文件:ScoreManagerMain. cpp;自定义模块所在源文件:ScoreManager. cpp;自定义模块的声明头文件:ScoreManager. h。

③由于存放成绩的数组只放一门课程的成绩,肯定是一维数组,这个一维数组在定义时要指定长度,以一个班最多40人来记,数组定义是:"♯define N 40;float score[N];"。

④学生真实的人数随着"数据录入"模块的使用而增加,随着"数据删除"模块的使用而减少,因此必须设置一个变量来保存真实的人数,可用 int NUM 来保存这个真实的人数,为了简化程序,设置这个变量为全局变量。将 NUM 放在所有模块的外部有一个好处就是,所有的模块都能用,这样"数据录入"和"数据删除"模块在使用的时候就分别对它作加1和减1处理,"数据显示"模块也要根据实际的人数来显示,"数据排序"也会根据实际人数的分值进行排序。另外,这个 NUM(初始为0)放在自定义模块所有的文件 ScoreManager. cpp 中定义,因为这里面有4个模块需要用到它。

⑤删除模块如何删除记录呢?如果输入一个要删除的序号 No.(No. 标号范围从0至

NUM-1),比如说,删除的序号是 No. ,其实就是将 No. +1 至 NUM-1 的所有内容前移一格。删除一个元素的数据之后,不要忘记了 NUM——。

⑥增加模块添加数据,要明确 NUM 就是当前最新的人数,也是要添加数据的序号,当数据添加完成之后,不要忘记了 NUM++。

⑦自定义模块定义格式如下:

```
void inputScore (float pArray [],int n);    //或 void inputScore (float * pArray ,int n);
void displayScore(float pArray [],int n);   //或 void displayScore(float * pArray ,int n);
void delScore(float pArray [],int n);       //或 void delScore(float * pArray ,int n);
void sortScore(float pArray [],int n);      //或 void sortScore(float * pArray ,int n);
```

[实验思考]

①全局变量 NUM 的含义是什么? 在哪些模块中这个全局变量会改变?

②输入、显示、删除、排序四个模块都需要两个参数,这两个参数的含义是什么?

③这个程序如果是多人合作的怎么体现? 每个人怎样工作? 如何整合在一起?

④如何对所有的学生的成绩进行排序?

⑤如果是对多门功课,比如说每个人都有 3 门课程,应该采用什么样的数据结构?

字 符 串

8.1 目 标 与 要 求

➢ 掌握字符串的数组表示方法。
➢ 掌握字符串的指针表示方法。
➢ 理解并初步掌握指针数组的使用方法。
➢ 掌握动态分配技术。
➢ 进一步完善学生成绩管理系统。

8.2 解 释 与 扩 展

1. 为什么会返回错误的地址

在自定义模块 test 中，返回其中一个局部字符变量 cc 的地址，在主模块中接到地址之后，通过间接方式去访问这个地址中的内容。代码如下：

```
char * test()
{
    char cc;
    cout<<"请输入一个字符给 cc:";
    cin>>cc;
    return & cc;
}
int main()
{
    char *p;
    p=test();
    cout<<"ch 所在地址里现在的字符是:";
    cout<< *p;
    return 0;
}
```

运行结果：

```
请输入一个字符给cc:a
cc所在地址里现在的字符是:¿
```

输入一个字符 a 时,原以为显示字符 a,但实际显示的是一个莫名其妙的字符,显然这是一个违背原意的程序。问题在于 test 模块返回的 cc 的地址,但 cc 本身是 test 模块里的一个局部变量,当退出这个模块时,cc 的内存要被回收(包括其中的内容),所以主模块要显示其中的内容就会出错。

2.字符串与数据之间的相互转换

将字符串作为"输入、输出设备",可完成字符串与数据之间的相互转换。除此之外,使用 stdlib.h 中声明的函数(如 itoa/atoi 等)也可完成相同的功能,见下面代码:

```cpp
#include <stdlib.h>
#include <iostream.h>
int main()
{
    char *pStr=new char[10];
    int num=13;
    float fnum=1.35567;

    //数转字符串
    itoa(inum,pStr,2);          //整数转二进制字符串,其中的实参2指转成二进制
    cout<<pStr<<endl;           //显示 1101
    gcvt(fnum,5,pStr);          //小数转字符串,取出5位数字
    cout<<pStr<<endl;           //显示 1.3557

    //字符串转数
    pStr="23";
    int inum2=atoi(pStr);       //字符串转整数
    cout<<inum2<<endl;          //显示 23
    pStr="2.35567";
    float fnum2=atof(pStr);     //显示 2.35567
    cout<<fnum2<<endl;
    return 0;
}
```

8.3 思维训练题——自测练习

1.简答题

(1)在C/C++中定义的标准字符串,最重要的指标(也是唯一指标)是什么?

(2)字符串的第 i 个元素有哪两种表示方法?

(3)代码"char name[7]="wangwu";"正确,而"char name[7];name="wangwu";"错误,为什么?

(4)代码"char *p;cin>>p;"错误的原因是什么?

(5)定义一个字符型数组并初始化,但只提供了部分数据,其他数据会是什么?

(6)定义一个字符型数组,"char a[10]={0,0,'a','b',0};cout<<a;",结果会是什么?为什么?

(7)指出 char a[10]={3}和 char a[10]={'3'}两种表达方式的区别是什么?

(8)为什么传递标准字符串,只要传递字符串的头地址,而不需要传递其长度?

(9)定义一个字符型数组并初始化,现在要输出这个字符串,如何写代码? 要从这个串的第 2 个字符开始显示这个字符串,如何表达? 请举例说明。

(10)一个字符指针数组里保存了 10 本书的书名。如何显示第 1 本书的书名? 如何显示第 3 本书的书名? 如何显示第 3 本书自第 3 个字符后面的所有字符(包括第 3 个字符)? 如何显示第 3 本书的第 3 个字符?

(11)请思考如下问题:

```
char name[20], *pName;
name="小龙女";          //这为什么是错误的
pName="郭靖";           //这为什么是正确的
```

(12)"char name[6]={'l','i','m','i','n','g'};cout<<name;",结果是什么?

(13)为什么用字符数组来表示字符串最小长度必须定义成 1(如 char p[1];)?

2.选择题

(1)下列( )是合法的字符串常量。

(A)'\0'　　　　　(B)'0'　　　　　(C)"0"　　　　　(D)0

(2)定义数组"char name[20];",下面( )表达式是正确的。

(A)name="liyi"+"wym";　　　　　(B)name="xyz";

(C)*name='l';　　　　　　　　　(D)name={"xyz"}

(3)定义数组"char name[20]="liyiwym";name=name+2;cout<<name;",结果是( )。

(A)yiwym　　　　(B)wym　　　　(C)iwym　　　　(D)代码有误

(4)以下( )表达是合法的指针数组。

(A)int *p[];　　　(B)int *p[4];　　　(C)int (*p)[];　　　(D)int (*p)[4];

(5)系统标准库里一个函数能够将一个字符串拷贝到另一个字符串中,模块名是( )。

(A)strCopy　　　(B)strCpy　　　(C)strcopy　　　(D)strcpy

(6)定义"char *p[3];",为此指针数组的 3 个单元赋值,下面( )代码是正确的。

(A)cin>>p[0];cin>>p[1];cin>>p[2];

(B)p[0]="df";p[1]="sd";p[2]="sf";

(C)strcpy(p[0],"df"); strcpy(p[1],"sd"); strcpy(p[2],"sf");

(D)以上方法都不对,p[0]、p[1]、p[2]地址非法

(7)代码:"char str1[]="fcba73";cout<<sizeof(str1)<<strlen(str1);",执行结果是( )。

(A)7 6　　　　　(B)6 6　　　　　(C)4 6　　　　　(D)4 4

(8)代码:"char str1[]="fcba73";char *p=str1;cout<<sizeof(p)<<strlen(p);",执行结果是(　　)。

(A)7 6　　　　　　(B)6 6　　　　　　(C)4 6　　　　　　(D)4 4

(9)将字符串的地址传递,但不能改变字符串的内容,下面(　　)模块定义是正确的。

(A)void test(const char *pStr)　　　　(B)void test(const char &pStr)

(C)void test(char const *pStr)　　　　(D)void test(char const &pStr)

(10)pA 和 pB 都是字符型指针变量,其中 pA 指向字符型一维数组 a,那么 pB=pA 这条语句的执行效果是(　　)。

(A)数组 a 被复制到 pB 处　　　　(B)pA 中的地址被赋值给了 pB

(C)pB 中的地址被赋值给了 pA　　　　(D)pA 和 pB 指向同一个单元

3. 判断题

(1)字符串是数组,准确地说是字符型数组,更准确地说是末尾是 0 的字符型数组。　(　　)

(2)定义一个字符数组"char a[10];cout<<a[0];",结果不确定。　(　　)

(3)定义一个字符数组"char a[10]={3};",此语句为合法语句。　(　　)

(4)定义一个字符数组"char a[10]={1024+49};",此语句为合法语句。　(　　)

(5)定义两个一维字符数组"char a[10],b[10];",将 a 的内容赋值给 b 用 b=a。　(　　)

(6)表达多个字符串可以使用数组指针。　(　　)

(7)"assert((pDes!=NULL) && (pSrc!=NULL));"语句表示 pDes 和 pSrc 都不空。

(　　)

(8)返回指针的函数返回的是一个地址,这个地址有一个限定条件:它对于调用模块来说一定是有效的。即要么是调用模块某个变量的地址,要么是被调用模块主动申请而没有被释放的地址。也就是说绝对不能返回被调用模块某局部变量的地址,因为被调用模块的局部变量在模块结束之后就会消失,也即对应的地址单元被回收。　(　　)

(9)定义一个字符数组,长度是 10,那么实际分配的空间也是 10 个字节。　(　　)

(10)指针数组可以看成二级指针,因此"char *p[10]; char **pp; pp=p;"是正确的。

(　　)

(11)用"char s[80];cin.get(s,80);"这种方式可以输入带空格的字符串,如:"abc def g"。

(　　)

(12)scanf()函数提供的"%[]"格式串可以用来进行多个字符的输入,有两种常用方式:方式一,scanf("%[c]",str)表示必须输入 c 指定的字符串,如 scanf("%[a-c-0-9-A-Z]", str);表示输入的字符必须是 a-c-0-9-A-Z;方式二,scanf("%[^c]",str)表示可输入任意字符,以 c 结束,如 scanf("%[^\n]",str);表示输入任意字符(可包括空格),以回车符结束输入,这与使用 gets 函数作用一致。　(　　)

4. 画图题

根据下面的要求画出模块结构图,并说明形式和归属。

(1)根据给定的 1 个字符串,将这个字符串里的字符颠倒放置。

(2)根据给定的 2 个字符串,将 1 个字符串所有字符加 4 放到另外 1 个字符串中。

(3)根据给定的 2 个字符串,将其中 1 个字符串下标范围从 $m-n$ 的字符拷贝到另外 1 个字符串中。

(4)统计 1 个字符串中所有单词的个数。

(5)统计 1 个字符串中所有不同单词以及不同单词的总数。

5.改错题

(1)下面程序代码的功能是:输入一个字符串 s,删除该字符串 s 中重复出现的字符,例如,若字符串是'AABBCC22',则删除重复出现的字符后,字符串 s 为'ABC2'。请改错:

```cpp
/* 编写思路提示:循环,每取一个字符就与后面一个字符比较,如果相同,则后面的所有字符全部覆
盖前面字符 */
#include <iostream.h>
int main()
{
    int i,j,n; char s[80],a;
    cin>>s;
    i=1;                        /*$ ERROR1 $*/
    while (s[i]='\0')
    {                           /*$ ERROR2 $*/
        a=s[i]; n=i+1;
        if(a==s[n])
        {
            j=n+1;
            while (s[j]!='\0')
            {
                s[j-1]=s[j];
                j++;
            }
            s[j-1]='\0';
            i++;                /*$ ERROR3 $*/
        }
        i++;
    }
    cout<<s;
    return 0;
}
```

(2)下面代码的功能是从键盘输入一个字符串,统计其中大写字母个数 m 和小写字母个数 n,并且输出 m、n 中的较大者。

```cpp
#include<io.h>              /*$ ERROR1 $*/
#include<math.h>           /*$ ERROR2 $*/
float main()               /*$ ERROR3 $*/
```

```
{
    char s[80];
    int i,len,m=0,n=0;
    cin.get(s,80);        /*用这种输入方式可以输入带有空格的字符串,比如:"abc def gh" */
    i=1;                  /*$ ERROR4 $*/
    len=strlen(s);
    while(i<=len)
    {                     /*$ ERROR5 $*/
        if(s[i]>='A'&&s[i]<='Z') m++;
        else if(s[i]>='a'&&s[i]<='z') n++;
        i++;
    }
    if(n>m)               /*$ ERROR6 $*/
        cout<<"max="<< m<<endl;
    else
        cout<<"max="<< n<<endl;
    return 0;
}
```

(3)下面模块代码用于比较两个字符串的大小,如果 pA 所指向的字符串比 pB 所指向的字符串大,则返回 1;如果小,则返回 -1;如果相等则返回 0。请指出代码中的 3 个错误。

```
int strCmp(char *pA,char *pB)
{
    int i=0;
    //在有效字符范围内比较,即在双方字符串结束前可判断大小
    while (pA[i]!=0||pB[i]!=0)
    {                                           /*$ ERROR1 $*/
        if (pA[i]>pB[i])
        {
            return 1;
        }
        else if (pA[i]<pB[i])
        {
            return-1;
        }
        i--; /*$ ERROR2 $*/
    }
    //结束循环,表示某一方字符串或双方字符串均到了末尾,可分为 3 种情况
    if (pA[i]==0&&pB[i]==0)                      //均到末尾
```

```
    {
        return 0;
    }
    else if (pA[i]!==0)        //pA 没有末尾,pB 到末尾
    {
        return-1;              / *$ ERROR3 $ * /
    }
    else                       //pA 到末尾,pB 未到末尾
        return-1;
}
```

(4)下面 delChar 模块是删除某字符串中某指定字符,并编写了主模块测试,请指出其中两个错误。

从字符串中删除某字符模块	主模块测试

<pre>void deleteChar(char * pStr,char ch)
{
    char *p=pStr;
    while (*p!=0)
    {
        if (*p!=ch)
        {
            * pStr++= *p;
        }
        p++;
    }
    *p=0;   / *$ ERROR1 $ * /
}</pre>
	<pre>int main( )
	{
	    char * str; / *$ ERROR2 $ * /
	    cin>>str;
	    delChar(str,´b´); //删除 str 字串中´b´字符
	    cout<<str;
	    return 0;
	}</pre>

6. 读程序

(1)请说明下面程序代码的作用。

```cpp
#include <iostream. h>
#include <string. h>
int main( )
{
    char *ppEWords[3]={˝my˝,˝you˝,˝hello˝};
    char *ppCWords[3]={˝我的˝,˝你˝,˝你好˝};

    char words[10];
    cin>>words;

    for (int i=0;i<3;i++)
    {
        if (strcmp(words,ppEWords[i])==0)
```

```
            {
                cout<<ppCWords[i];
                break;
            }
            if (strcmp(words,ppCWords[i])==0)
            {
                cout<<ppEWords[i];
            }
        }
        return 0;
    }
```

(2)查阅 strcspn 和 strspn 函数的使用帮助,写出下面程序的运行结果。

strcspn 函数用法	strspn 函数用法

```#include <stdio.h>```
 ```#include <string.h>```
 ```int main ()```
 ```{```
 ```   char str1[]="fcba73";```
 ```   char str2[]="1234567890";```
 ```   intpos;```
 ```   pos=strcspn (str1,str2);```
 ```   printf ("The first in str1 is str1[%d]\n",pos);```
 ```   return 0;```
 ```}```
	```#include <stdio.h>```
	 ```#include <string.h>```
	 ```int main ()```
	 ```{```
	 ``` char str1[] = "73fcba";```
	 ``` char str2[] = "1234567890";```
	 ``` intnums;```
	 ``` nums= strcspn (str1,str2);```
	 ``` printf ("from begin char totals: %d\n",nums);```
	 ``` return 0;```
	 ```}```

(3)请指出下面代码中 anTOi10 模块的作用,对主模块说明,并写出主模块的运行结果。

```
#include <stdio.h>
int anTOi10(char * src,int n)//src 指向输入的数字字符串,n 代表输入数字串的进制。
{
    int result=0,i=0;
    while (src[i]!=0)
    {
        result=n * result+(src[i]-48);
        i++;
    }
    return result;
}


int main()
{
    int result;
    char str[10];
```

```
    scanf("%s",str);                    //输入 16 进制字符串 FF
    result= anTOi10 (str,8);            //说明每个实参的含义
    printf("转化成的 10 进制整数是:%d",result);//请写出运行结果
    return 0;
}
```

（4）教材 8.4.4 中介绍了 stdio. h 中的 sscanf/ssprintf 函数，8.9.1 介绍了 stdlib. h 中 atoi/itoa 等函数。二者结合可完成字符串与数之间的转化。请写出下面模块代码的作用。

aTOi 模块	iToa 模块
```int aTOi(char * src) { int result=0,i=0; while (src[i]!=0) { result=10 * result+(src[i]-48); i++; } return result; }```	```void iToa (int num,char * str)//整数转字符串 { int i=0,sign=1; if (num<0) {num=-num;sign=-1;} do{ str[i++]=num%10+'0'; num=num/10; } while (num!=0); if(sign<0) str[i++]='-'; str[i]=0; for (int j=0;j<i/2;j++) { char temp; temp=str[j]; str[j]=str[i-1-j]; str[i-1-j]=temp; } }```

7. 编程题（同型基础）

参考教材 8.5 节字符串拷贝模块中字符串遍历的方法，编写加密字符串模块 strEncrypt，将一个已知的字符串每个字符加 4 得到一个新字符串。

［模块设计］

［问题罗列］

8.编程题（同型基础）

编写模块 strLen(归属 MyString)，求字符串长度，并编写主模块测试。

［模块设计］

［问题罗列］

9.编程题（同型基础）

编写主模块，定义长度为 40 的指针数组，输入 40 本书，并显示出来。

［模块设计］

［问题罗列］

8.4 思维训练题——答辩练习

10.编程题（变式答辩）

字符串附加：编写模块 strCat(归属 MyString)，将 src 串加到 des 串之后，并编写主模块测试。

提示：步骤如下：

(1)以 des 为标准，将指针拨到字符串的末尾 0 处。

(2)以 src 为标准，将 src 相应元素拷贝到 des 中相应位置。

(3)在 des 的后面加上 0，表示字符串结束。

［模块设计］

［问题罗列］

11.编程题（变式答辩）

字符串比较：编写模块 strCmp(归属 MyString)，根据给定的两个字符串，比较大小，返回 0 表示两串相等，返回 1 表示前串大，返回 −1 表示前串小。比较准则：在两个串都没有到末尾的情况下循环比较，先比较第一个字符的 ASCII 码，如果相同则比较下一个，直到分出大小为止。

［模块设计］

［问题罗列］

12.编程题（变式答辩）

字符统计：编写模块 displayChrNums，根据给定的一个字符串，在模块内部显示各种不同类型的字符的个数。例如，给定的字符串是″abc dac ABC!″，则最后的显示结果是：

大字字母：3 个

小字字母：6 个

其他字符：3 个

［模块设计］

［问题罗列］

8.5　思维训练题——阅读提高

13.编程题（提高初级）

编写模块 ltrim，去除给定字符串开头的空字符。如 str[]=″ abc″，则调用此模块后，str 字符串的内容为″abc″。

［模块设计］

[问题罗列]

14. 编程题（提高初级）

编写模块 rtrim，去除给定字符串末尾的空字符。如 str[]="abc   "，则调用此模块后，str 字符串的内容为"abc"。

[模块设计]

[问题罗列]

15. 编程题（提高初级）

编写模块 trim，去除给定字符串的多余空字符（各单词之间只用一个空格）。如 str[]="I   love   you."，则调用此模块后，str 字符串的内容为"I love you."。

[模块设计]

[问题罗列]

16. 编程题（提高初级）

去字符串的左串：编写模块 strLeft，从给定字符串的左边取 n 个字符到新串。如 "src[20]="abcdef"；des[20]；"，调用模块 strLeft(des,src,3)之后，des 字符串内容应该为："abc"。

[模块设计]

［问题罗列］

17. 编程题（提高初级）

求字符串的左串：编写模块 strLeft，从给定字符串的左边取 n 个字符到新串，并返回新串的头地址。如"src[20]="abcdef";"，调用模块 strLeft(src,3)之后，返回字符串"abc"的头地址(提示：教材 8.7 返回地址的函数)。

［模块设计］

［问题罗列］

18. 编程题（提高初级）

求字符串的右串：编写模块 strRight，从给定的字符串的右边取 n 个字符到新串。如"src[20]="abcdef";des[20];"，调用模块 strRight(des,src,3)之后，des 字符串内容应该为："def"。

［模块设计］

［问题罗列］

19. 编程题（提高初级）

求字符串的子串：编写模块 getSubStr，返回给定字符串从第 m 位到第 n 位的子串。例如，给定的字符串是 src[10]="i love you"，调用 getSubStr(src,3,8)后，则返回的字符串是"love y"。

提示：getSubStr 模块内部根据给定的 m、n 来确定动态生成数组的大小为字符长度加 1（末尾放 0），将相应内容拷贝进新数组之后，再将新数组的头地址返回即可。这个模块实际上是返回指针的模块(函数)。

[模块设计]

[问题罗列]

20. 编程题(提高初级)

删除串中指定字符:编写模块,从一个字符串中删除某个字符得到一个新字符串。

提示:模块的形式为 void delChFromStr(char *pDes,char *pSrc,char ch)。

[模块设计]

[问题罗列]

21. 编程题(提高初级)

反序字符串:编写模块,将一个给定的字符串按反向顺序输出到另外一个字符串。例如,源串 src[]="how are you",得到的新串 des[]="uoy era woh"。

[模块设计]

[问题罗列]

22. 阅读题（提高初级）

下面程序是根据输入的字符串,在指定的字符串列表中找出满足条件的字符串(可应用于模糊查询,如输入"李",找出姓名列表中所有包括"李"字的姓名)。

主模块	自定义模块
```int main() { char * str[3]={"李明","张三","李治"}; //char * str[3]={"yili","wymf","minglif"}; char s[20]; cin.getline(s,20); queueByMH (s,str,3); return 0; }```	```#include <assert.h> bool isSub(char * pDes,char * pSrc) { int dn=strlen(pDes),sn=strlen(pSrc); assert(dn<=sn); for (int i=0;i<=sn-dn;i++) { bool equal=true; for (int j=0;j<=dn-1;j++) { if (pDes[j]!=pSrc[i+j]) { equal=false; break; } } if (equal) { return true; } } return false; } void queueByMH(char * str,char ** pStr,int n) { for(int i=0;i<n;i++) { if (isSub(str,pStr[i])) { cout<<pStr[i]<<endl; } } }```

23. 阅读题（提高中级）

阅读下面给定程序,分析不足。

模块功能:在字符串中某特定字符前加另外一个特定字符。例如,源串为:abc daf,在'a'字符前加'z'字符得到的新串为:zabc dzaf。

程序代码如下：

addChar 模块	main 模块

<pre>#include <string.h>
void addChar(char *pA,char c1,char c2)
                   //pA 串的 c1 前加 c2
{
    int i=0;
    while(pA[i]!=0)
    {
        if (pA[i]==c1)
        {
            int len=strlen(pA);
            for (int j=len-1;j>=i;j--)
            {
                pA[j+1]=pA[j];
            }
            pA[i]=c2;
            pA[len+1]=0;
            i++;
        }
        i++;
    }
}</pre>
	<pre>#include <iostream.h>
	int main()
	{
	    char a[40]="abc daf";
	    char c1='a',c2='z';
	    addChar(a,c1,c2);
	    cout<<a;
	    return 0;
	}</pre>

24. 阅读题（提高中级）

从一个字符串中删除某种字符。

请指出模块代码的设计思路,并指出此代码效率不高的原因。

delChar	main

<pre>void delChar(char *pstr,char ch)
{
    int i=0;
    while (pstr[i]!=0)
    {
        if (pstr[i]==ch)
        {
            int j=i+1;
            while (pstr[j]!=0)
            {
                pstr[j-1]=pstr[j];
                j++;
            }
            pstr[j-1]=0;
            i--;
        }
        i++;
    }
    pstr[i]=0;
}</pre>
	<pre>#include <iostream.h>
	int main()
	{
	    char str[]="abcceff";
	    delChar(str,'c');
	    cout<<str;
	    return 0;
	}</pre>

25. 阅读题（提高中级）

从一个字符串中删除某字符串得到一个新字符串。

编写模块 strDel,根据给定的源字符串 src 和删除字符串 p,删除 src 中与 p 内容相同的串,得到一个新串 des。

例如:char src[]="ab abc abc aaa abc def"; char p[]="abc";char des[20];

调用"strDel(des,src,p);"后,得到 des 的结果为:ab aaa def。

解决思路:

src   ab abc abc aaa abc def

p   abc

以 3 个数为一组进行比较,如果它们相同,则隔 3 个数再比;如果它们不同,则拷贝出比较的第一位,移动到下一位再比。如此反复,直到最后一次比较。

如果 i 表示轮,那么 i 范围是:0~strlen(src)−strlen(p)。

如果 j 表示每轮的比较,那么 j 的范围是:i~i+strlen(p)−1。对上述数据来说,都是 3 次。

算法步骤:

```
for i:0~strlen(src)−strlen(p)
        equalFlag=true
        for j:i~i+strlen(p)−1
            if src[j]!=p[j−i]
                equalFlag=false          //表示相同
                break
            if(equalFlag)                //如果相同,i 移动到 j 位置
            i=j
        else if not to end
            des[k++]=src[i];
            i=i+1;
        else if end
            copy last char to des
    des[k]=0
```

strDel 模块	main 模块
| ```c++
void strDel(char *pDes,char *pSrc,char *p)
{
    bool equalFlag;
    int k=0;
    for (int i=0;i<=strlen(pSrc)-strlen(p);)
    {
        equalFlag=true;
        for (int j=i;j<i+strlen(p);j++)
        {
            if (pSrc[j]!=p[j-i])
            {
                equalFlag=false;
                break;
            }
        }
        if (equalFlag)
        {
            i=j;
        }
        else if(i<strlen(pSrc)-strlen(p))
        {
            pDes[k++]=pSrc[i];
            i=i+1;
        }
        else
        {
            while (pSrc[i]!=0)
            {
                pDes[k++]=pSrc[i++];
            }
        }
    }
    pDes[k]=0;
}
``` | ```c++
int main()
{
    char src[]="ab abc abc aaa abc def ";
    char p[]="abc";
    char des[20];
    strDel(des,src,p);
    cout<<"src:"<<src<<endl;
    cout<<"des:"<<des;
    return 0;
}
```
运行结果:
src: ab abc abc aaa abc def
des: ab aaa def |

## 26.阅读题(提高中级)

从一个字符串中替换某种字符串得到一个新字符串。

编写模块 strReplace,根据给定的原字符串 pSrc,替换字符串 p 为 q,得到一个新的串 pDes。
例如:

```c++
char src[]="ab abc abc aaa abc def"; char p[]="abc"; char p[]="xyz";
char des[40];
strReplace(des,src,p,q);
```

des 的结果应该是"ab xyz xyz aaa xyz def"。

提示:思路同上题的删除字符串,当找到字符串时,从 q 里拷贝到新串即可。

模块代码:

strReplace 模块	main 模块
| ```cpp
void strReplace(char *pDes,char *pSrc,char *p,char * q)
{
    char *pp;
    pp=pSrc;
    bool equalFlag;
    int k=0;
    for (int i=0;i<=strlen(pSrc)-strlen(p);)
    {
        equalFlag=true;
        for (int j=i;j<i+strlen(p);j++)
        {
            if (pSrc[j]!=p[j-i])
            {
                equalFlag=false;
                break;
            }
        }
        if (equalFlag)          //找到了则替换
        {
            int kk;
            kk=0;
            while (q[kk]!=0)
            {
                pDes[k++]=q[kk++];
            }
            i=j;
        }
        else if(i<strlen(pSrc)-strlen(p))
        {
            pDes[k++]=pSrc[i];
            i=i+1;
        }
        else
        {
            while (pSrc[i]!=0)
            {
                pDes[k++]=pSrc[i++];
            }
        }
    }
    pDes[k]=0;
}
``` | ```cpp
int main()
{
    char src[]="ab abc abc aaa abc def";
    char des[40];
    char p[]="abc";
    char q[]="xyz";
    cout<<src<<endl;
    strReplace(des,src,p,q);
    cout<<des<<endl;
    return 0;
}
```

运行结果:

ab abc abc aaa abc def
ab xyz xyz aaa xyz def |

27.阅读题(提高中级)

删除字符串中某集合内字符。

编写一个模块,根据给定的两个字符串 s1 和 s2,将 s1 涉及 s2 的字母全部删除。

输入输出:

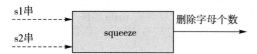

形式:int squeeze(char *pS1,char *pS2)

归属:MyString

解决思路:遍历 s1 串,搜索当前位字符是否在 s2 中,如果在 s2 中,则记数增加 1,并将 s1 串后面字符提前,例如,s1 串"abcdab",s2 串"ac",最后得到的 s1 串应该是"bdb";而得到的删除字符个数应该是 3。

算法步骤:

squeeze(ps1,ps2)

扫描 ps1

  如果字符在 ps2 中

    ps1 中字符位置前移得到新的 ps1

    记数器加 1

  返回记数器

模块代码:

squeeze 模块和 main 模块	inStr 模块和 move 模块

<pre>int squeeze(char *ps1,char *ps2)
{
    int i=0;
    int counts=0;
    while (ps1[i]!=0)
    {
        if (inStr(ps1[i],ps2))
        {
            move(i+1,ps1);
            counts++;
        }
        i++;
    }
    return counts;
}
int main()
{
    char s1[]="abcdab";
    char s2[]="ac";
    cout<<squeeze(s1,s2)<<endl;
    cout<<s1;
    return 0;
}</pre>
	<pre>bool inStr(char ch,char *ps2)
	{
	    bool flag=false;
	    while (*ps2!=0)
	    {
	        if (ch== *ps2)
	        {
	            flag=true;
	            break;
	        }
	        ps2++;
	    }
	    return flag;
	}
	void move(int i,char *ps1)
	{
	    int n=strlen(ps1);
	    for (int j=i;j<=n;j++)
	    {
	        ps1[j-1]=ps1[j];
	    }
	}</pre>

28.编程题（提高中级）

提取下标:编写模块,提取一个字符串中各单词的标号,并存放在一个数组中。

[模块设计]

[问题罗列]

29.编程题（提高中级）

反序字符串中的单词:编写模块,将一个给定的字符串按单词逆序存放到另外一个字符串中。例如,源串为:how are you,得到的新串为:you are how。

提示:得到各单词的首尾位置后,再拷贝进目标串。可利用 27 题,从单词下标数组中得到反序单词。

[模块设计]

[问题罗列]

30.阅读题（提高中级）

抽取给定分隔符的字符串:给定一个以字符'/'为分隔符的字符串,编写模块,取出各个子串,并将它们放到指针数组中。例如,"a[]="aa/bb/ccc/ddd";",则最后的指针数组如下图所示:

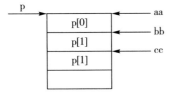

方法一:可利用 28 题模块,首先得到各子串的起始编号数组,然后拷贝至指针数组。

方法二:针对本例,独立编写模块,写入指针数组,算法步骤如下:

i,j 设置为 0

从 a 串最前面扫描至末尾

  如果扫描到字符不等于'/'

拷贝字符至 p[i][j]

j++

如果扫描到字符'/'

p[i][j]＝0

i++标记下一个指针数组元素位置

j＝0标记下一个指针数组元素首字符的位置重新开始

扫描结束,设置 p[i][j]＝0,表示最后一个进入指针数组的字符串末尾置0

模块代码如下:

seperateStr 模块	main 模块和 initPointArray 模块
| ```c
void seperateStr(char *pSrc,char **p,int n,int *pNums)
{
    int i=0,j=0,k=0;
    while (pSrc[k]!=0)
    {
        if (pSrc[k]!='/')
        {
            p[i][j]=pSrc[k];
            j++;
        }
        else
        {
            p[i][j]=0;
            i++;
                /* 拷贝完成字符串之后,i 要增加,指出下
                一个进入指针数组的字符串的位置 */
            j=0;      //每个新进入的字符串起点位置为0
        }
        k++;
    }
    p[i][j]=0;
        //最后一个进入指针数组的字符串后加0表示结束
    *pNums=i+1;
}
``` | ```cpp
#include <iostream.h>
int main()
{
    int nums=0;
    char *p[40];
    char a[]="aa/bb/cc";
    initPointArray(p,40);
    seperateStr(a,p,40,&nums);
    for (int i=0;i<nums;i++)
    {
        cout<<p[i]<<endl;
    }
    return 0;
}
void initPointArray(char **p,int n)
{
    for (int i=0;i<n;i++)
    {
        p[i]=new char[20];
    }
}
```
运行结果:
aa
bb
cc |

## 31.阅读题(提高中级)

测试 main 的返回值。

以命令行的方式打开某一个文件,根据程序的运行状态,如果打开文件成功返回0,则在操作系统的外壳上(非在程序内部)显示 success.txt 中的内容(内容为 success);如果打开文件失败返回1,则在操作系统的外壳上显示 fail.txt 中的内容(内容为 fail)。

(1)程序代码：

```
#include <stdio.h>
int main(int argc,char * argv[])
{
    FILE * fp;
    if(argc<2)
    {
        printf("main 参数没有指定文件名\n");
        return 1;
    }
    if((fp=fopen(argv[1],"r"))==NULL)
    {
        printf("不能打开指定的文件\n");
        return 1;
    }
    printf("装入文件成功");
    return 0;
}
```

上述程序生成 Test. exe 可执行文件。

(2)制作 Test. bat 文件,便于根据程序运行返回不同的值而显示不同的内容。

	Test1. bat 打开一个存在的文件 a. txt	Test2. bat 打开一个不存在的文件 b. txt
外壳代码	::关闭回显 echo off ::执行 a. exe Test. exe a. txt ::如果返回值是 0,打开文件成功,如果返回 1,则是错误 if errorlevel 1 type fail. txt & goto end type success. txt :end ::打开回显 echo on	::关闭回显 echo off ::执行 a. exe Test. exe b. txt ::如果返回值是 0,打开文件成功,如果返回 1,则是错误 if errorlevel 1 type fail. txt & goto end type success. txt :end ::打开回显 echo on
运行结果	成功,success.txt:success	不能打开,fail.txe:fail

32. 阅读题（提高高级）

字符串统计:根据给定的一个字符串,编写模块 displayStrNums,显示其中以空格分开的多个字符串,及相同字符串的个数。比如说,给定的字符串是"i have a dog,you have two dogs″,则最后的显示结果是：

 i：1个

 you：1个

 have：2个

 a：1个

 two：1个

 dog：1个

 dogs：1个

 解决思路：用指针数组来保存单词，用一般整数数组来记录单词个数。每读出一个单词就和指针数组里所有元素进行比较，如果是老单词，就增加记数，如果是新单词，就插入到指针数组里。

 算法步骤：

 循环至末尾

  移动到有效单词的首部

  再次移动，移动出一个新单词

  循环比较新单词与指针数组里的单词得出新老标记

  若是新单词，插入，单词总数增加

  否则，老单词数增加

 程序代码：

```cpp
# include <iostream.h>
# include <string.h>

void displayStrNums(char *p)
{
    char *pp[100];              //指针数组,用于保存单词
    int records[100];           //整数数组,用于保存单词个数
    int num=0;                  //记录单词个数
    int i=0;                    //标记字符的当前位置
    int position=0;             //标记单词在指针数组中的位置
    bool oldFlag=false;         //是否是老单词
    char temp[20];              //临时字符串,每个字符串最多20个字符

    //生成空间用来保存字符串列表
    for (int ii=0;ii<100;ii++)
    {
        pp[ii]=new char[20];
    }

    //循环开始了
    while (1)
```

```cpp
{                                          //每次移动到字符串的非空格之处,i标记
    while (p[i]=='´')
    {
        i++;
    }
    //到了尾部就立即中止循环
    if (p[i]==0)
    {
        break;
    }


    //再次移动,移动一个单词,并写入临时单词之中
    int j=0;
    while (p[i]!='´')
    {
        if (p[i]==0)
        {
            break;
        }
        temp[j]=p[i];
        i++;
        j++;
    }                                       //i指向空格处或者结束符,下面需要凝结成串
    temp[j]=0;                              //单词凝结

    //单词是否是新单词,位置k很重要
    oldFlag=false;
    for (position=0;position<num;position++)
    {
        if (strcmp(temp,pp[position])==0)
        {
            oldFlag=true;
            break;
        }
    }

    //将旧单词个数加1,或者新单词入指针数组
    if (oldFlag==true)
    {
        records[position]++;
    }
```

```
        else
        {
            strcpy(pp[position],temp);
            records[position]=1;
            num++;
        }
    }                                    //大循环结束


    //汇总显示数据
    cout<<"num is:"<<num<<endl;
    for (position=0;position<num;position++)
    {
        cout<<pp[position]<<"----"<<records[position]<<endl;
    }
}
int main()
{
    char p[80]="i have  a a  dog a dog";
    //cin.get(p,80);
    displayStrNums(p);
    return 0;
}
```

8.6　上机实验

[实验题目]

　　学生成绩管理系统界面如下,当选择一个功能号时可以执行相应的功能。其中数据录入模块功能是录入学生分数和姓名;数据显示模块功能是显示当前所有的学生分数和姓名;数据删除模块功能是输入一个序号后,删除这个序号所指定的分数和姓名;数据排序功能是将当前所有的学生分数按从小到大进行排序,分数排序的时候,姓名做相同的排序(有兴趣的同学可以增加保存数据和调入数据模块,不作要求)。

欢迎进入学生成绩管理系统

1 数据录入　　　　　　2 数据显示

3 数据删除　　　　　　4 数据排序

5 退出系统

请选择功能号(1,2,3,4,5)

[实验要求]

①主模块 main 中定义记录全班成绩的一维数组"float score[40];",在主模块里定义一个指针数组"char * name[40];",编写模块 initScore,为指针数组里的每一单元申请空间。

②在主模块里设置一个局部变量 num,用来记录当前真实的人数,num 初始值为 0,本题要求不用全局变量,故局部变量一定要传递给需要使用此变量的功能模块。

③上述各功能模块根据上一章实验中功能模块进行改编,在原来参数的基础上加上表示姓名的指针数组和表示真实长度的变量 num。

④功能模块设定为 void,即不需要返回值。

⑤要求用多文件来解决,主模块所在源文件 ScoreManageMain. cpp;自定义模块可归属于 ScoreManager。

[实验提示]

①在主模块里定义一个指针数组"char * name[40];",用来保存 40 个学生的姓名,并把分配的空间地址交给指针数组的相应单元里,即完成指针数组的初始化工作。

②当模块调用时,在上一章模块基础上,再添加传递 name 和 num,形式如下:

```
case 1:inputScore (score,name,40,&num);break;

case 2:displayScore (score,name,40,num);break;

case 3:deScore(score,name,40,&num);break;

case 4:sortScore (score,name,40,num);break;
```

上述调用中 score 为分数数组,name 为专门存放学生姓名列表的指针数组,40 是数组的长度,num 是学生的实际人数。

③调用 inputScore 模块时,要传递实际人数 num 的地址(形式是 &num),以便于在 inputScore 模块内部能够修改 num 的值,每增加一个学生,num 的数量应该加 1。

④在形参中定义接收的变量,如输入模块的定义形式如下:

```
void inputScore (float pScore[],char **pName,int n,int *pNum)

{

    ...

}        // inputScore 模块代码见教材 8.6.3
```

指针数组和二级指针的实质相同,故定义 char **pName 来接纳传来的 name,另外人数的增加主要是针对 pNum 的操作。

⑤4 个模块编写的原理和上章的原理是一样的,请参考相应代码,建议在 ScoreManager 里将原先做好的模块先拷贝再修改。改写的时候注意以下两点:

第一点:使用的参数不一样,本项目要求的功能模块参数不同于上章所给出的模块。

第二点:分数和姓名两个属性的操作要形成连动,比如说:输入某人姓名的同时,也要输入他的分数;删除一个学生的时候,不仅要删除姓名也要删除分数。而本项目所采取的数据结构是分散摆放的,分数放在一个一维小数数组里,姓名列表放在另一个一维指针数组里。

[实验思考]

①本系统使用局部变量有什么好处?

②本系统使用什么方法保存字符串列表?

③输入模块与显示模块的参数为什么不一样?

④本系统中对于姓名的排序是怎么解决的?

结 构 体

9.1 目 标 与 要 求

➤ 掌握结构体类型的含义。

➤ 掌握结构体定义和赋值方法。

➤ 掌握结构体数组的使用方法。

➤ 掌握结构体指针。

➤ 熟练使用函数,进一步完善学生成绩管理系统。

9.2 解 释 与 扩 展

1.结构体成员空间的补齐原则*

(1)补齐原则

补齐原则就是要找到结构体成员里占用空间最大的数据类型,所有字段的空间分配根据这个最大数来确定。补齐原则的具体步骤如下:

首先确定所有字段中最大的数据类型长度 m;其次,从头开始,按 m 的大小进行组合,一旦组合的大小超过 m,就以超过 m 的那个字段重新开始组合,如此直到结束。

举例来说,一个结构体按顺序存放了:char、int、double 3 个字段,计算空间步骤如下:

第一步:确定最大的数据类型长度,因为 double 占 8 个字节,占用空间最大,所以以 8 B 作为空间分配的依据。第二步:从结构体第一个成员开始向后累加,不超过 8 就继续下去,一旦超过 8,就要调整,超过 8 的那段就要重新开始。char+int=5 B,未超 8 B,再加就超过 8 B,所以 char+int 分配 8 B;double 字段本身就占 8 B,故分配 8 B;合计分配 16 B。

再如,教材中定义 Score 结构体,各字段数据类型的最大长度是 float 单精度小数,占 4 个字节,分配原则就要根据这个 4。int fNo 分配 4 字节,char fName[10]需要分配 4 的整数倍,即 12 字节,最后 float fScore 需要分配 4 字节,所以总共是 20 个字节。

(2)调试验证

在下面所给程序中设置断点,查看结构体变量 t 的内存分配,如下表所示:

源代码	调试	调试界面

structTest
{
    char c1; //1字节
    int i1; //4字节
    int i2; //4字节
    double d; //8字节
    char c2; //1字节
};
	查看窗口
	(Alt+3)
		<table><tr><td>⊟ t</td><td>{...}</td></tr><tr><td> c1</td><td>97 'a'</td></tr><tr><td> i1</td><td>1</td></tr><tr><td> i2</td><td>2</td></tr><tr><td> d</td><td>1.0000000000000000</td></tr><tr><td> c2</td><td>98 'b'</td></tr><tr><td>⊞ &t</td><td>0x0012FF30</td></tr><tr><td>sizeof(t)</td><td>32</td></tr></table>

#include <iostream.h>
int main()
{
    Test t={'a',1,2,1.0,'b'};
    //在此行设置断点,查看内存数据
    •cout<<sizeof(t)<<endl;
    return 0;
}
	内存窗口
	(Alt+6)
		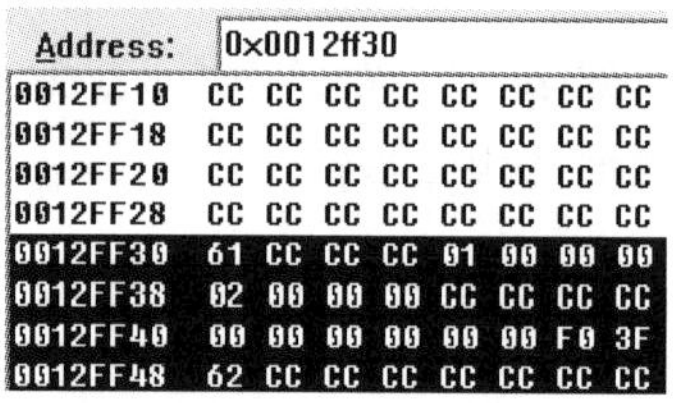 Address: 0x0012ff30
		0012FF10 CC CC CC CC CC CC CC CC
		0012FF18 CC CC CC CC CC CC CC CC
		0012FF20 CC CC CC CC CC CC CC CC
		0012FF28 CC CC CC CC CC CC CC CC
		0012FF30 61 CC CC CC 01 00 00 00
		0012FF38 02 00 00 00 CC CC CC CC
		0012FF40 00 00 00 00 00 00 F0 3F
		0012FF48 62 CC CC CC CC CC CC CC

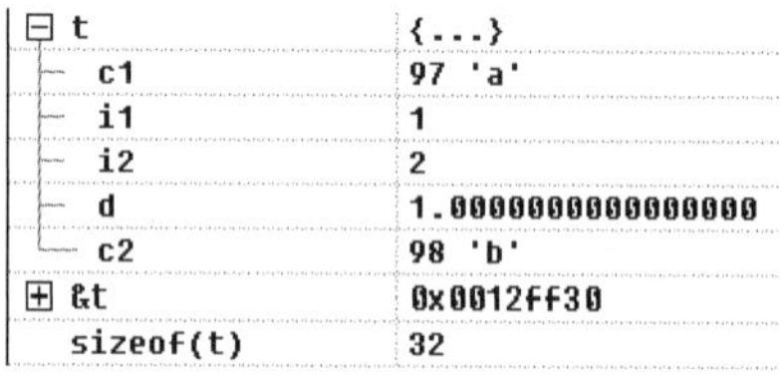

上述结构体类型中最大长度的字段是 double d,长度是 8,结构体变量 t 的内存分配过程是:结构体成员 c1+i1 长度为 5,未超 8,但一旦再向下加就超了,所以这两个成员分了 8 个字节,如上图黑字部分第一行 61 CC CC CC 01 00 00 00 所示(注意:十六进制的 61 表示'a',01 00 00 00 表示 1,两个成员变量 c1 和 i1 并非连接在一起);i2 长度为 4,未超 8,但再向下加就超了,所以单独为 i2 分配 8 个字节,如上图第二行 02 00 00 00 CC CC CC CC 所示(注意:02 00 00 00 有效,后面的 CC 无效);d 是双精度小数,在 VC 编译器里正好是 8 个字节,如上图第三行 00 00 00 00 00 00 F0 3F 所示;最后一个成员是字符型,虽然本身只有 1 个字节,但也必须分 8 个字节,如第四行 62 CC CC CC CC CC CC CC 所示(注意:62 有效,后面的 CC 无效),所以合起来正好是 32 个字节,用 sizeof(t)证明是 32。

2.结构体赋值与拷贝(克隆)的再思考*

若结构体包含指针变量字段,则赋值与拷贝(克隆)结构体,将存在两个不同结构体变量的指针变量字段指向同一块内存区的情况,两个结构体变量的耦合度高,改变其中一个的内容会影响到另一个的内容。如何解决这个问题,做到赋值与拷贝(克隆)的双方无关联呢?下面给出一些解决思路:

(1)改变赋值运算的方式

赋值运算是值的赋值,这是由编译器决定的,不能改变。编译器不会为指针变量先分配好一段新的空间,再将数据赋值,但是可以通过编写程序代码做到这点。

方法一:使用赋值符号,即编写重载函数,对赋值号"="进行重载。

简单地说,重载就是对"="赋予新的运算规则。运算规则为:根据赋值结构体中指针变量成员所指向字符串的长度,为被赋值的指针变量成员申请一段新空间,再将相应的内容赋值过来,这样两个结构的成员指针变量指向不同的空间,可以减少结构体变量之间的耦合度。

方法二:不用赋值号(即不重载),而直接写一个普通函数。

函数的设计思路同方法一。函数形式如:void assign(structXXX * a,structXXX * b),在这个函数内部完成空间申请和具体内容的赋值,调用 assign(&a,&b)可以完成两个结构体变量的赋值,保证空间各自独立。下面给出以引用为参数的 assign 函数代码:

```
void assign (Score &s1,Score &s2)
{
    s1.fNo=s2.fNo;
    s1.fpName=new char[strlen(s2.fpName+1)];
    strcpy(s1.fpName,s2.fpName);
    s1.fScore=s2.fScore;
}
```

(2)改变拷贝(克隆)的方式

默认拷贝(克隆),也是值的拷贝,对于指针变量成员间,也存在两者关联度高的问题。

方法一:修改拷贝(克隆)构造函数。

C++针对结构体类型和类类型(C 语言里没有),专门设计了一个复制克隆构造函数,可重写默认的克隆构造函数(重写思路同"="的重载思路),这里不作探讨。

方法二:在写模块时,参数尽量少用结构体变量,而使用结构体指针(或引用),这样克隆的仅仅是一个指针(或引用),两者是同一个结构体,并没有出现新的结构体,从而保证了系统里某结构体变量的唯一性,避免出现新的克隆结构体,当然也就避免了两个结构体变量之间的耦合。

3. 计时

本章理论教学部分的例题"显示时钟变化状态",使用了 WINDOWS 系统平台的函数 sleep 达到延时目的,实际上使用标准函数库的 time 函数也可达到相同目的,下面给出自定义的延时模块 delay 代码以及测试主程序。

测试主模块	延时模块

<pre>#include <stdio.h>
#include <time.h>
void delay(long delayTime);
int main()
{
    long delayTime;
    printf("请输入暂停的时间,以秒计:");
    scanf("%ld",&delayTime);
    delay(delayTime);
    printf("暂停结束\n");
    return 0;
}</pre>
	<pre>void delay(long delayTime)
	{
	    long startTime, currentTime;
	    time(&startTime); //取当前时间
	    do
	    {
	        time(&currentTime); //取最新时间
	    }while((currentTime-startTime)<delayTime);
	}</pre>

4. 嵌入式开发与慎用函数模板*

(1)嵌入式开发

随着消费家电的智能化,嵌入式开发成为当前最热门、最有发展前途的 IT 应用领域之一。手机、PDA、电子字典、可视电话、VCD/DVD/MP3 Player、数字相机(DC)、数字摄像机(DV)、U-Disk、机顶盒(Set Top Box)、高清电视(HDTV)、游戏机、智能玩具、交换机、路由器、数控设备或仪表、汽车电子、家电控制系统、医疗仪器、航天航空设备等都是典型的嵌入式设备。这些嵌入式设备有一些共同的特点:硬件资源(如处理器、存储器等)有限,对成本很敏感,对实时响应要求很高。

(2)嵌入式开发使用语言

下图是 2012 年美国嵌入式开发权威网站统计结果。

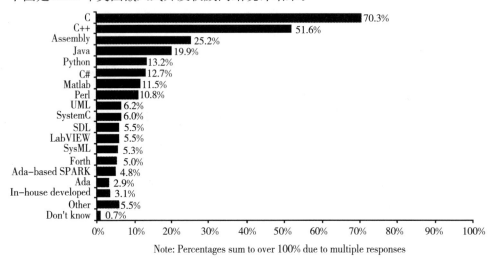

Note: Percentages sum to over 100% due to multiple responses

从图中可以看出,C/C++语言在嵌入式开发中具有明显优势。

(3)在嵌入式开发中使用C++语言需慎用函数模板

嵌入式开发,支持 C 开发的程序设计师始终占据第一位,这说明 C 语言极其重要,但同时也说明C++语言有瓶颈。这是因为 ISO C++的一些新特性可能会导致系统性能受限(实时速度)和代码体积(容量)过大的问题。嵌入式开发中效率是第一位的,如果程序代码体积过大,就会影响效率。

到底是哪些新特性导致的呢? 如果知道了这些新特性在嵌入式开发中的不足,就可以制定一个嵌入式C++标准,让我们既能够享受到C++面向对象的语言优势,同时又能够提高效率。从本质上来讲,C++较之 C 是以管理来替代性能。

C++对函数管理的新特性体现在:函数重载(包括运算符重载)、函数参数默认值、函数模板。下面讨论这些便于了解函数管理的措施对嵌入式开发的影响。

函数重载:具有相同名字但是不同参数的函数在编译过程中分别分配了一个唯一的名字,每次函数名出现在程序中的时候编译器就替换它,然后连接器正确地把它们匹配起来。这些几乎都不会带来运行时的开销,唯一的缺点是符号表稍微复杂一些。操作符的重载与此类似,几乎没有运行时的开销。

函数参数默认值：对效率的影响也很小，编译器只是加入代码使得函数在每次被无参数调用的时候传递一个默认的值。

函数模板：由于参数类型的不同而导致函数模板大量增加程序代码，这对效率影响极大。

事实上，这个问题早已经被意识到。20 世纪 90 年代，嵌入式C++技术委员会（Embedded C++ Technical Committee)成立，致力于定义一套适用于嵌入式软件开发的C++语言规范。1998 年，Embedded C++规范正式出炉(简称EC++)。EC++是标准C++语言的一个子集，它从C++语法中剔除了一些实现复杂和会导致额外负担的语法元素，例如，多重继承与虚基类、RTTI、异常处理、模板、命名空间等。同时，在标准库方面，EC++规范也做了删减，STL 和 Stream 等被剔除了。在EC++规范出炉之后，很多嵌入式厂商都推出了符合EC++规范的编译器。

5. 嵌入式系统及其相应的开发环境

嵌入式系统的开发环境(包括编译器)一般和嵌入式系统有关，目前流行的嵌入式系统分成三类，其C/C++开发环境也有相应的几种，各种开发环境里除提供标准的C/C++库之外，还提供不同的附加库。下面简要描述。

①经典 RTOS：其中最主要的是 Vxworks 操作系统。Vxworks 出现稍早，实时性很强（可在 1ms 内响应外部事件请求)，并且内核可极小(最小可 8K)，可靠性较高，在北美占据了嵌入式系统的半壁江山，特别是在通信设备等实时性要求较高的系统中，几乎非 Vxworks 莫属。Vxworks 有自己的C/C++开发环境 Tornado。

②嵌入式 Linux 操作系统：Linux 的前途除作为服务器操作系统外，最成功的便是在嵌入式领域的应用，原因是免费、开源、支持软件多、呼拥者众。在 Linux 下，C/C++的开发编译器是 Gcc(GNU C Compiler)，Gcc 执行效率比一般编译器平均效率高 20%～30%。

③嵌入式 Windows CE 操作系统：Microsoft 也看准了嵌入式的巨大市场，推出 WinCE 系统，其开发环境是微软提供的 Embedded Visual C++。这个环境与VC++6.0 基本一致。

9.3 思维训练题——自测练习

1. 简答题

(1)请举例说明具有多方面属性的某事物，并据此定义相应的结构体类型，最后根据这种类型定义一个变量和一个指针变量，并设置指针变量指向定义的变量。

(2)根据教材定义的分数结构体类型 Score(fNo/fName/fScore)，已定义了一个结构体变量 s 和指向这个结构体变量的指针变量 pS，请写出表达变量 s 的字段 fNo 的 3 种方法。

(3)根据教材定义的分数结构体类型 Score(fNo/fName/fScore)，已定义了结构体数组名是 scoreAll，那么第 i 个学生有哪两种表达方式？第 i 个学生的字段 fNo 表达有哪 3 种方式？

(4)两个相同类型的结构体变量之间如何赋值？结构体变量在什么场合下使用了拷贝（克隆)？

(5)对于结构体来说,不管是赋值还是克隆,都可能存在:一个结构体变量中某字段值的改变影响到另一个结构体变量中某字段的值,请问在什么情况下会发生这种情况?

(6)谈谈C++中可以从哪几个方面来优化函数。

(7)谈谈用结构体指针作函数参数的好处是什么。

(8)函数的参数指定默认值有什么规定?

(9)使用 static 定义的静态函数有什么好处?

(10)谈谈用结构体类型定义结点,产生链表有什么好处?

2.选择题

(1)以下( )可以代表一维数组 b[10]的头地址。

    (A)b[0]   (B)b   (C)b[10]   (D)&b[]

(2)设一个结构体类型,字符型字段占 1 字节、短整型字段占 2 字节、双精度字段占 8 字节,则根据这种类型定义的结构体变量,按补齐原则占用内存的字节数是( )。

    (A)3   (B)11   (C)8   (D)16

(3)编写一个图书管理系统,应选择( )数据类型保存图书馆所有藏书信息(如书名、书号、作者等)。

    (A)一维结构体数组   (B)一维结构体指针数组

    (C)二维字符数组   (D)一维字符指针数组

(4)求一个结构体变量 a 所占空间的大小,下面( )表达方式是正确的。

    (A)sizeof(a)   (B)len(a)   (C)getLen(a)   (D)setLen(a)

(5)设有结构体及其数组和指针变量的定义语句"struct st{int x};st y[2],*p=y;",则下列表达式中不能正确表示结构体字段的是( )。

    (A)(*p).x   (B)*(p+1).x   (C)y[0].x   (D)(y[1])->x

(6)定义指针数组 char *p[40]后,并进行赋值,下面代码正确的是( )。

    (A)for (int i=0;i<40;i++) cin>>p[i];

    (B)for (int i=0;i<40;i++) {p[i]=new char[20];cin>>p[i];}

    (C)for (int i=0;i<=40;i++) cin>>p[i];

    (D)for (int i=0;i<=40;i++) {p[i]=new char[20];cin>>p[i];}

(7)根据教材定义的分数结构体类型 Score(fNo/fName/fScore,其中 fName 是静态数组),定义 2 个变量 a、b,将 b 赋值给 a,下面代码正确的是( )。

    (A)a=b;

    (B)a. fNo=b. fNo;strcpy(a. fName,b. fName);a. fScore=b. fScore;

    (C)a. fNo=b. fNo;strCpy(a. fName,b. fName);a. fScore=b. fScore;

    (D)a. fNo=b. fNo;a. fName=b. fName;a. fScore=b. fScore;

(8)求 2 个数的最大数和求 3 个数的最大数的模块名均为 getMax,这称为( )。

    (A)函数重载   (B)函数重组   (C)函数模板   (D)默认参数

(9)建立复数结构体 Complex,并对"+"进行重载,则下面表示加法代码正确的是( )。

(A)a+b   (B)operator+(a,b)

(C)operator(a,b)   (D)a(b)

(10)函数声明如下:int getMax (int a, int b=1, int c=1),则调用此函数的正确代码是( )。

(A)getMax(2,3,4)   (B)getMax(1,2)

(C)getMax(1)   (D)getMax()

3.判断题

(1)整型变量间可相互赋值,结构体变量间也可相互赋值。   ( )

(2)整数数组名与结构体数组名,都是地址,无区别。   ( )

(3)结构体定义中可以嵌套结构体。   ( )

(4)传递结构体指针比传递结构体本身效率高。   ( )

(5)可以将一个结构体数组直接赋值给另外一个结构体数组。   ( )

(6)字符指针数组与整数指针数组的区别在于其数组元素指向内容不同。 ( )

(7)成员运算符"."的运算级别同"()""[]""->"运算符。   ( )

(8)结构体指针数组保存每个结构体的数组。   ( )

(9)在另外一个模块里改变本模块里某变量的值,可通过传递地址方法。 ( )

(10)结构体类型定义时,某字段是指针类型,在使用时必须确保空间有效。 ( )

4.读程序写结果*

test 模块与 Score 的定义	main 主模块的定义

``cpp
# include <iostream. h> 	
# include <string. h> 	
struct Score
{
    int fNo;
    char * fName; //指针方式
    float fScore;
};
void test(Score s)
{
    strcpy(s. fName,"bbb");
}
``
	``cpp
	int main()
	{
	    Score s;
	    s. fNo=2;
	    s. fName=new char[10];
	    strcpy(s. fName,"aaa");
	    s. fScore=2;
	    cout<<"原始值:"<<s. fNo<<" "<<s. fName<<" "<<s. fScore;
	    test(s); //传递 s 结构体本身
	    cout<<"调用后:"<<s. fNo<<" "<<s. fName<<" "<<s. fScore;
	    return 0;
	}
	``

5.改错题

下面提供了两个针对分数结构体数组操作的模块,searchScore 模块根据姓名查找学生相关信息,searchNoPassScore 模块查找所有分数不及格的学生。请找出模块中的 5 个错误。

①搜索姓名模块:

```
void searchScore(Score *pScoreAll[], int n)//ERROR1
{
    Score *pScoreBeg, *pScoreEnd, *pMove;
    bool flag=false;
    pScoreBeg=pScoreAll;
    pScoreEnd=pScoreAll+n-1;
    cout<<"请输入要查找学生的姓名";
    char * name;
    cin>>name; //ERROR2
    for (pMove=pScoreBeg;pMove<=pScoreEnd;pMove++)
    {
        if (strcmp(name,pMove->fName)==0)//ERROR3
        {
            flag=true;
            break;
        }
    }
    if (flag==true)
    {
        cout<<pMove->fName<<"|"<<pMove->fScore;
    }
    else
    {
        cout<<"没有找到此人";
    }
}
```

②分数不及格学生记录模块:

```
void searchNoPassScore(Score *pScoreAll, int n)//ERROR4
{
    Score *pScoreBeg, *pScoreEnd, *pMove;
    pScoreBeg=pScoreAll;
    pScoreEnd=pScoreAll+n;//ERROR5
    for (pMove=pScoreBeg;pMove<=pScoreEnd;pMove++)
    {
        if (pMove->fScore<60)
        {
            cout<<pMove->cName<<"|"<<pMove->fScore<<endl;
        }
    }
}
```

6.编程题（同型基础）

如下结构体类型，包括语文、英语、物理 3 门课程的成绩：

```
struct Score
{
    int fNo;
    char fName[10];
    float fScoreCHINESE;
    float fScoreENGLISH;
    float fScorePHYSICS;
};
```

编写模块 sumScore，根据给定的结构体变量或地址，计算分数信息中 3 门课程的成绩之和，并返回。

［模块设计］

［问题罗列］

7.编程题（同型基础）

编写模块 scoreCopy，将 Score 结构体数组拷贝到另外一个长度相同的结构体数组中。

［模块设计］

［问题罗列］

9.4　思 维 训 练 题——答 辩 练 习

8.编程题（变式答辩）

结构体类型 Score 定义如下，其中字段 fScore 是一个小数数组，它包括语文、英语、物理 3 门课程的成绩。

```
struct Score
{
    int fNo;
    char fName[10];
    float fScore[3];
};
```

编写模块 inputScore 和 sumScore,根据给定的结构体变量分别对其赋值并在模块内显示各科成绩和总分。

[模块设计]

[问题罗列]

9. 编程题(变式答辩)

编写模块 sortScore,根据给定的分数结构体数组和实际人数进行排序。

提示:模块首部 void sortScore(Score *pScoreAll,int n,int num)。

[模块设计]

[问题罗列]

10. 编程题(变式答辩)

编写查找模块 searchScoreByName,根据给定的分数结构体数组、实际人数和学生姓名,查找到其相应的分数并在模块内显示。

[模块设计]

[问题罗列]

9.5 思 维 训 练 题——阅 读 提 高

11.编程题（提高初级）

编写模块 getDays,根据给定的日期结构体数据,返回此日期距年初的天数。

提示:日期结构体类型定义如:struct Date {int year; int month;int day; };

[模块设计]

[问题罗列]

12.编程题（提高中级）

根据教材 9.2 提供的结构体类型 Score,定义结构体数组。

(1)编写模块,按照姓名进行排序。

(2)编写模块,返回成绩最好的学生学号。

[模块设计]

[问题罗列]

13.阅读题（提高中级）

下面代码是某人编写好的一个图书馆图书检索程序。程序代码的功能:按照作者姓名进行查找,并按出版日期顺序从远到近(即日期从小到大的顺序)输出该作者的所有著作。请阅读完程序之后,给出这个程序的评价,并指出程序的不足之处。

```
#include "iostream.h"
#include "string.h"
#define n 6
struct DATE
```

```
{
    int year;
    int month;
    int day;
};
struct BOOK
{
    char name[41];              //书名
    char author[11];            //作者姓名
    DATE date;                  //出版日期
    int pages;                  //页数
    double price;               //定价
};
void print(BOOK book);
void main()
{
    BOOK book[n]={
                    {"C语言程序设计","谭浩强",{2006,1,1},300,29},
                    {"C++语言程序设计","谭浩强",{2008,1,1},400,32},
                    {"工程问题C语言求解","Delores",{2005,5,1},300,49},
                    {"C++程序设计教程","方超昆",{2009,1,1},300,49},
                    {"PASCAL程序设计教程","谭浩强",{2006,5,1},280,20},
                };
    BOOK result[n];
    char name[21];
    int i,count;
    cout<<"请输入作者姓名";
    cin>>name;
    count=0;
    for (i=0;i<n;i++)
        if (strcmp(book[i].author,name)==0)
        {
            result[count]=book[i];
            count++;
        }
    if (! count)
    {
        cout<<"没有该作者主编的著作\n";
        return;
    }
    int j,p;
    BOOK t;
    for (i=0;i<count-1;i++)
```

```
    {
        p=i;            //p 为第 i 项最小日期的序号项,开始看成第 i 项,通过循环确定真实项值,
                        //下面是找到最小日期所对应的 p 序号
        for (j=i+1;j<count;j++)
        {
            if(result[j].date.year>result[p].date.year) continue;
            if(result[j].date.year<result[p].date.year) {p=j;continue;}
            if(result[j].date.month>result[p].date.month) continue;
            if(result[j].date.month<result[p].date.month) {p=j;continue;}
            if(result[j].date.day<result[p].date.day) p=j;
        }
        if(p==i) continue;
        t=result[p];
        result[p]=result[i];
        result[i]=t;
    }
    for (i=0;i<count;i++) print(result[i]);
    cout<<endl;
}
void print(BOOK book)
{
    static int count=0;
    count++;
    cout<<"NO."<<count<<":\n";
    cout<<"书名:"<<book.name<<endl;
    cout<<"作者姓名:"<<book.author<<endl;
    cout<<"出版日期:"<<book.date.year<<"年";
    cout<<book.date.month<<"月"<<book.date.month<<"日"<<endl;
    cout<<"页数:"<<book.pages<<"页"<<endl;
    cout<<"定价:"<<book.price<<"元"<<endl;
}
```

运行结果:

请从文件结构、模块结构、预处理(文件包含和宏定义)、命令规则、代码行的书写规范、程序效率等方面来找出不足之处。

14.编程题（提高高级）

以结构体数据作结点数据,构建一个链表,并编写插入模块、显示模块和主模块。

[模块设计]

[问题罗列]

9.6 上机实验

[实验题目]

学生成绩管理系统程序界面如下,当选择一个功能号时可以执行相应的功能。其中数据录入模块功能是一次录入一个学生的分数和姓名;数据显示模块功能是显示当前所有的学生的学号、分数和姓名;数据删除模块功能是输入一个序号后,删除这个序号所指定的分数和姓名;数据排序功能是将当前所有的学生分数按从小到大进行排序。注意,在对分数进行排序的时候,要对姓名进行同步排序。学生信息用结构体类型来表达,结构体字段包括:学号(整型)、姓名(字符型数组)、分数(浮点小数)。

欢迎进入学生成绩管理系统

1 数据录入   2 数据显示

3 数据删除   4 数据排序

5 退出系统

请选择功能号(1,2,3,4,5)

[实验要求]

①主模块定义结构体数组 scoreAll,并分配空间长度为40。

②在主模块里设置一个局部变量 num 用来记录当前的真实人数,num 初始值为0。

③本题数据结构是结构体,和上一章的数据结构不同,故 4 个功能模块要重新编写。

④所有功能模块返回约定为 void,即不需要返回值。

[实验提示]

①主模块调用 ScoreManager 中各功能模块的形式如下:

```
case 1:inputScore(scoreAll,40,&num);break;
case 2:displayScore (scoreAll,40,num);break;
case 3:delScore (scoreAll,40,&num);break;
case 4:sortScore (scoreAll,40,num);break;
```

上述 scoreAll 为学生分数结构体数组名,40 是数组的长度,num 是学生的实际人数。

②调用 inputScore 模块时(其他模块类似),要传递实际人数 num 的地址(形式是 &num)以便于在 inputScore 模块内部能够修改 num 的值,每增加一个学生,num 的数量应该加 1。

③注意在形参中定义接收的变量,如输入模块的定义形式如下:

```
void inputScore (Score *pScoreAll, int n, int * pNum)
{
    ...
}
```

④排序模块 sortScore,可以根据分数进行排序,排序过程中,可以用一个学生分数结构体临时变量来作为中间过渡。虽然是根据分数进行排序,但实质上结构体数组元素会进行整体地排序,所以结构体数据会频繁地拷贝,从这点上看效率不如上一章的指针数组的排序,指针数组的排序只是调换指针,并不涉及内容的调换,所以效率高。

[实验思考]

①用结构体指针变量来传递数据与用结构体变量来传递数据有什么区别?

②结构体数组的排序思路是什么?

③本次实验中的功能模块,如 inputScore 跟上一章的实验名称一致,都归属于 ScoreManager 中,会不会冲突?为什么?

文 件 操 作

10.1 目标与要求

➤ 理解文件和流的含义。
➤ 掌握文本文件的读写方式。
➤ 掌握二进制文件的读写方式。
➤ 进一步完善成绩管理系统,增加保存和调入功能。

10.2 解 释 与 扩 展

1. 读写文本文件中含空格的字串

如果文本文件字串含空格,如 li yi,读入的思路有两个:一是使用新的分隔符;二是使用固定长度规范姓名字段的长度,读取时按固定长度读取。不管是哪种方式,都要求读写的时候保持一致,下面详细描述这两种方法。

(1)方法一

找一个文档中不可能出现的字符作为分隔符来分隔不同的串(写和读的时候都要指定这个分隔符),而空格作为有效字符读入。

要求从文本文件中读入含空格的字串字段,其中字段之间的分隔符是",",。文本文件内容如:1101,abc def,19。

程序代码:

```c
#include <stdio.h>
#include <stdlib.h>
int main()
{
    FILE *p;
    p=fopen("a.txt","r");
    char s1[20],s2[20],s3[20];
    fscanf(p, "%[^,],%[^,],%[^,]", s1,s2,s3);

    int no,age;
    no=atoi(s1);
    age=atoi(s3);
```

```
    printf("%d %s %d",no,s2,age);

    fclose(p);
    return 0;
}
```

运行结果：

`1101 abc def 19`

程序解释：

- %[…]表示读的内容为指定的字符集,如%[a—z]表示读 a—z 之间的所有字符。
- %[ˆ'字符']表示对读的字符做过滤处理,ˆ表示相反,如%[ˆ',']读不是','的内容,直到遇到','为止。
- 读出来的字符都放在字符数组里,通过 atoi、atof 等标准库里的函数可以分别转化为整数和小数类型。

（2）方法二

改变写入方式,中间包括空格的字符串字段拥有固定长度,即在写这个文本文件的字符串字段的时候要使用固定长度,然后再读出相同长度的串。

要求向文本文件里写入 3 个字段内容分别为：1101、111 ⌴1、19,其中 111 ⌴1 是带有“空格字符串字段”,写入之后再读出这 3 个字段。

```
#include <stdio.h>
int main()
{
    FILE *p;int no;char s[20];int age;
    //写文件
    p=fopen("a.txt","w");
    no=1101;
    printf("输入带空格的字串");
    scanf("%16[a—zA—Z0—9 ]",s);          //最多输入 16 个字符,包括空格,输入内容可为 111 ⌴1
    age=19;
    fprintf(p,"%4d %16s %4d",no,s,age);  //固定长度
    fclose(p);
    //读文件
    p=fopen("a.txt","r");
    fscanf(p,"%d",&no);
    fgetc(p);                            //空读一个,跳开分隔符空格
    fscanf(p,"%16[a—zA—Z0—9 ]",s);       //读取特殊字段,固定长度为 16
    fscanf(p,"%d",&age);
```

```
      printf("解析出的 3 个字段是\n");
      printf("% d\n% s\n% d\n",no,s,age);

      fclose(p);
      return 0;
}
```

程序运行后生成的文本文件内容如下：

```
 0  1  2  3  4  5  6  7  8  9  a  b  c  d  e  f
31 31 30 31 20 20 20 20 20 20 20 20 20 20 20 20  ; 1101
31 31 31 20 20 20 20 20 31 39                    ; 111 1   19
```

运行界面：

```
输入带空格的字串111 1
解析出的3个字段是
1101
            111 1
19
```

程序解释：

• 写文件时,不同字段加空格,以防止不同字段连接在一起无法区分;而特别的字串字段(中间有分隔符空格)要加长度。例如,"fprintf(p,"%4d %16s %4d",no,s,age);",这里确定固定长度为16,如果写入的字串长度不够则在前加空格。上图中圈起来的 20 是空格的ASCII 码,可以看到"111⌴1"这 5 个字符组成字串前还有 11 个空格,合起来正好 16 位,最后一个字段也是要求 4 位,所以不够的部分补了 2 个空格。

• "fscanf(p,"%d",&no);"读第一个字段后,位置正好停留在第一个圈(空格),"fgetc(p);"空读一次,跳开分隔符空格(正好是两个圈之间的部分),然后再读 16 位字符。

• "fscanf(p,"%d",&no);"不能写成"fscanf(p,"%d ⌴",&no);",否则的话,读完第一个字段之后,会跳过分隔符(所有的空格,ASCII 码 20)位置而停留在 1 上,再读 16 字节就不对了。大多数情况下,读入控制符后应加 ⌴,只是本题要求特殊,必须按个读取字符,这才造成这种现象。

• scanf("%16[a−zA−Z0−9 ⌴]",s)可以读包括数字、字符、空格在内的最多 16 个字符。

2. 函数的回调设计模式*

(1)模块调用方式

①同步调用。主动调用也称"同步调用",指在一个模块里调用另一个模块的内容,另一个模块执行完毕之后,再返回到原来的模块。调用模块属上层模块,也称为"客户端",被调用模块属下层模块,也称"服务端",如下图所示：

②异步调用。为了解决双向沟通的问题,满足下层模块调用上层模块,就需要将上层模块传递下去,再由下层模块回调上层模块。这种回调又称为"异步调用",如下图所示:

注意:异步调用的客户模块与服务模块可能完全不在一个程序中(如客户端程序在 a. exe中,而服务模块在动态链接库文件 b. dll 中),甚至是在两台不同的机器上。

(2)回调的种类

回调有两种形式:第一种,在 client 端调用 server 端某函数时,将 client 端函数传递过去,在 server 端此函数中回调;第二种,client 首先调用 server 端的注册函数注册,在 server 端记录 client 端的某函数,适当的时候,由 server 端的函数回调被注册的 client 端函数。如下图所示:

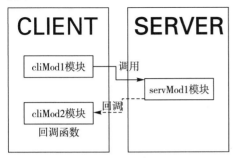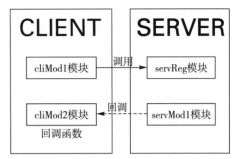

上图显示第一种回调过程,客户端调用服务端 serMod1 时,直接将 cliMod2 传过去,这样服务端 serMod1 可直接调用客户端模块集里的模块 cliMod2;第二种回调过程,调用服务端的 serReg 注册模块,先将客户端的 cliMod2 模块的地址注册,也就是在服务端保留下这个地址(函数指针),然后在需要使用的地方,比如说 serMod1 模块里再调用这个函数指针。

仔细分辨两种回调,可将第一种看作回调,过程是:调用者→(调用)被调用者→(调用)回调函数;第二种看作异步调用,调用者首先调用被调用的注册函数(一个新的注册函数),将调用者的回调函数纷纷注册到被调用者里面,然后,当某个事件发生时,被调用者(即实现者)开始调用注册好的函数。过程是:调用者→(注册)被调用者→(调用)回调函数。

注意:被反过来调用的模块就叫"回调函数",这个回调函数是放在客户端的,而不是放在服务端的。

(3)服务模块调用客户模块的关键

服务模块调用客户模块的关键是要顺利地把回调函数的地址传出去(不管是传过去直接用,还是传过去之后待用)。这个地址只能是函数地址,所以服务端相应函数(如注册函数等)定义形参的时候,必须定义成函数指针变量。

(4)使用回调方法实现两个整数四则运算的解决思路

从客户端和服务端的角度分析:个性和共性分别构成客户端和服务端。其中客户端解决个性问题,即不同的整数进行不同的运算规则,即加、减、乘、除等运算,具体处理问题的个性函数就是回调函数;服务端解决共性问题,即对两个整数进行运算,而不考虑何种运算。

模型结构如下：

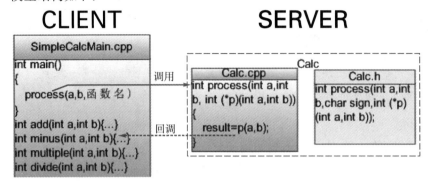

这个模型结构图与教材例 10.18 的模型结构图稍微有些区别（这里的 add、minus 写在主模块 main 所在的文件中），从图中可看出，服务端接收了数据和地址后，除了完成本层的处理工作外，还将进行回调，真正进行处理的是上层的回调函数。

（5）案例

"界面层"触发"业务层"的"数据调入"函数，在"业务层"的"数据调入"函数中回调"界面层"的"进度条"函数，显示调用进度。

"界面层"是上层（客户端），"业务层"是下层（服务端）。"界面端"包括进度条模块 progressBar，启动模块 simpleForm；"服务端"包括注册模块 regServer，调用数据模块 loadDate。

客户端先向服务端注册回调函数"进度条 progressBar"，再调用服务端的"数据调用" loadDate 模块，在"数据调用"模块中回调注册的回调函数。下面给出相应的程序代码：

①客户端代码（界面＋进度条），Form.cpp：

```cpp
# include <stdio.h>
# include "DataOperator.h"
# include "Form.h"
void progressBar(int no)
{
    for (int i=1;i<=no;i++)
    {
        printf("%c",'$');
    }
    printf("\r");
}

void simpleForm()
{
    printf("回调测试进度条\n");
    regServer(progressBar);          //注册进度条
    loadDate();                      //调入多条数据
}
```

②服务端代码(注册＋调入数据)，DataOperator. cpp：

```cpp
# include ″ DataOperator. h″
pPregressBar receiveFunPoint;
void regServer(pPregressBar p)
{
    receiveFunPoint＝p;
}
void loadDate()
{
    //得到总的记录数，这里简单设为 10 条记录
    int allno＝10;
    for (int i＝1;i＜＝allno;i++)
    {
        //调入一条记录,这里不调入,用一个循环消耗调入时间
        for (int j＝0;j＜100000000;j++);
        //利用注册得到的函数指针,回调函数
        (＊receiveFunPoint)(i);//i 是当前记录数
    }
}
```

主模块代码如下：

```cpp
# include ＜stdio. h＞
# include ″Form. h″
int main()
{
    simpleForm();
    getchar();
    return 0;
}
```

运行结果：

程序运行后，会看到随着记录的调入(代码只是消耗时间假装调入)，屏幕上会出现以 $ 符号标记的进度条不断地向右方移动。

程序解释：

• simpleForm 中先通过 regServer 注册进度条 progressBar，progressBar 处理进度。

• 服务端用了一个全局变量 receiveFunPoint 来保存注册过来的 progressBar 函数，receiveFunPoint 类型是 pPregressBar，在服务端头文件 DataOperator. h 中定义"typedef void (＊pPregressBar)(int i);"。

• 服务端的"(＊receiveFunPoint)(i);"也可以改写为"receiveFunPoint(i);"。

• 给定的代码中缺少客户端和服务端的头文件 Form. h 和 DataOperator. h，请自行添加。

(6)调用规范

①部分 API 函数调用回调函数。

回调是一种模块之间联系的方式,如 WINDOWS 操作系统里提供了大量的 dll 文件(这些文件是提供服务的,对于编程者来说是服务端,这里的模块称为"API 函数"),而这些文件里相当部分的 API 模块是使用回调函数的模块(这些模块的作用一般用于截获消息、获取系统信息或处理异步事件,并将这些结果提供给回调函数)。用户编写 WIN32 程序时,如果使用这些模块就必须自行撰写符合调用规范和参数要求的回调函数,否则会引起程序或系统的崩溃,所以在编写使用 API 的回调函数时,要仔细查阅服务端 API 说明文档。

②编写回调函数时,必须遵守调用规范。

调用规范影响编译器产生的给定函数名、参数传递的顺序(从右到左或从左到右)、堆栈清理责任(调用者或者被调用者)以及参数传递机制(堆栈、CPU 寄存器等)。我们应把调用规范看成函数类型的一个重要组成部分,不能用不兼容的调用规范,不能将地址赋值给函数指针。

常见的调用规范有_stdcall、_cdecl、_pascal。如针对 WIN32 编程,WINDOWS API 对回调函数调用规范的约定是_stdcall,所以写回调函数格式为:_stdcall 数据类型 函数名(参数),举例来说,如果服务端模块定义如下:

```
typedef int (stdcall *pCalcStyle)(int a, int b);
stdcall int serProcess(int a, int b, pCalcStyle pCalc)
```

那么客户端的回调函数必须定义如下:

```
_stdcall int add(int a, int b)
```

WIN32 编程,调用规范是_stdcall,用 CALLBACK 声明,而如果纯粹是C/C++编程,那么就要使用_cdecl 调用规范。各种编译器都会提供上述几种调用规范,可以直接在函数类型前加_cdecl、_stdcall 或者_pascal 明确表达调用规范,如果都不写就使用编译器默认的调用规范,而 VC 编译器默认的调用规范是_cdecl。

③回调函数的参数。除了自己写特殊用途的回调函数需考虑参数外,调用 WINDOWS API 使用的回调函数,回调函数的参数类型、参数的值都不需要考虑参数(其参数大都是由系统自行填写)。如 kernel32. dll 中 API 的主要任务用于截获消息、获取系统信息或处理异步事件,它会根据获得消息或其他内容来填写回调函数参数,这样用户在使用回调函数时就非常方便。

WINDOWS 程序的消息机制就是这么设计的,WINDOWS 窗口上每个小组件都叫一个小窗口(比如说按钮就是一个小窗口)。窗口结构中包括一个函数指针字段,当产生这个窗口时,就会注册这个字段(即注册函数),以便于以后能够使用这个回调函数。当按下按钮时,程序会执行某个功能(比如说执行一个显示文字的提示)。那么程序是怎么做到这点的呢? 首先,点击按钮,会立即产生一个消息(包括点击的时间、位置、窗口的 ID 号),操作系统专门有一个消息队列来保存这些消息;第二,操作系统会想方设法地将消息转到当前窗口的消息队列里去;第三,在用户程序里通过循环不断地取消息,调用操作系统中相应的 API(如 DispatchMessage),并在这个 API 内调用这个按钮窗口的回调函数;第四,用户需要在这个窗口的回调函数里根据派发的消息显示文字,如"你点击我了"。

3. 利用 MFC 建立动态库与外部程序的联用（Authorware 调用 MFC 动态库）*

Authorware 是一款非常好用的多媒体制作软件,其内附带了专门的编程语言和相应的函数库,不过其函数功能有限,而 MFC 是微软提出的一套编程体系,其中附带了大量的类库和函数库。两者可以结合在一起,利用 Authorware 的多媒体界面和 MFC 的强大功能。下面,在 VC 中利用 MFC,建立 2 个简单的输出函数（判断大小函数和取子串函数）,提供给 Authorware 使用。建立输出函数的步骤和代码如下:

①建立 MFC 的 dll 项目,项目名:FromMFCDll。

②在默认生成的 cpp 文件最后添加如下代码:

```cpp
CFromMFCDll App theApp;
int_stdcall getMax (int a, int b)
{                                   //注意调用规范是_stdcall
    if(a>b)return a;
    else return b;
}
GLOBALHANDLE_stdcall getStr(CString str)
{                                   //注意调用规范是_stdcall
    long length=str.GetLength();
    GLOBALHANDLE hgString=GlobalAlloc(GHND, length+1);

    if(hgString==NULL)
    {
        MessageBox(NULL,"Cannotgetwindowspath","warning", MB_ICONSTOP);
    }
    else
    {
        LPSTR tempstring=(LPSTR)GlobalLock(hgString);
        lstrcpy(tempstring,str);
        GlobalUnlock(hgString);
    }
    return hgString;
}
```

③在相应的 def 文件中加如下代码:

```
EXPORTS
    ; Explicit exports can go here
    getMax @1
    getStr @2
```

④编译生成动态库,如 FromMFCDll.dll,将此文件拷贝到 Authorware 相应目录,添加函数即可使用。

4.可利用的函数资源*

对于C/C++的用户来说,可利用的资源分跨平台和专用平台两部分。其中,跨平台指C/C++运行库,而专用平台根据不同的系统而定,如 WINDOWS 系统开发,资源包括 WINDOWS API 和 MFC。

(1)C/C++运行库

①运行库。运行库 RT(RUN-TIME LIBRARY),是编写操作系统和应用程序的基础。编写操作系统时,需要一个合适的低层库(将程序的结构、常用的函数都包装在一起),以便完成一些基本的、多次重复的工作,在这种情况下产生了运行库。可见,运行库与操作系统有关。

②C语言运行库 CRT。使用 C 语言编写的运行库称为"CRT"(C Run-Time Library)。第一个 CRT 是 Dennis Ritchie 和 Brian Kernighan 编写 UNIX 系统时,将其中最常用的函数独立出来形成的(LIB 文件方式)。

C 语言流行后,各厂家在不同平台都推出了相应的 CRT 及 C 编译器(两者要同时推出,否则别人用 CRT,无法生成二进制代码),但各个 C 编译器对 C 的支持和理解有很多差别,导致 C 语言编写代码无法在其他的 C 编译器上顺利执行。美国标准化组织制定了 ANSI C,ANSI C 详细规定了 C 语言各个要素的具体含义和编译器实现要求及 CRT 的标准形式。

按统一标准,不同的厂家重新做出了自己认为最好、效率最高、代码最优化的 C Run-Time Library。其中微软所做的 C Run-Time Library 就是一个非常好的典范,微软公司就是用它写出了 WINDOWS 操作系统,而宝兰公司的 C Run-Time Library 也非常有名,至今还有不少人在学习和使用这个库,比如说这个库对图形的处理就非常方便,对网络的支持也很强大。

这里要注意,C 语言借助于标准 CRT 所写的程序可以在不同系统之间顺利移植,但每家出品的 CRT 除了标准之外,还有其他一些东西。比如,微软的 C Run-Time Library 除标准的 C Run-Time Library 外,还会有一些与自己的操作系统相关的操作,微软把这些也放到了 CRT 里,以便于对 WINDOWS 操作系统操作,如果编写的程序用到这些与平台相关的库函数,那么程序就不能移植到另外一个平台上去运行。所以,想移植就不能使用额外的东西。

③C++语言运行库 CRT。从 C 发展到C++,出现一个新的概念和标准:Standard C++ Library,它包括了 C Run-Time Library、C++ Runtime Library 和 STL,不过最后还是统一命名为"CRT"。首先,在最新的 CRT 里包含 C Run-Time Library 的原因很明显,从某种程度上来讲,C++是 C 的超集;其次,C++ Runtime Library 可以看作一个C++标准库实现;最后,STL 是符合C++标准的标准模板类库,这套类库侧重数据结构和算法等。

④微软 CRT 的保存格式。微软提供的 CRT 有 LIB 和 DLL 两种格式,也就是前面所说的静态库和动态库。C 语言刚诞生的时候所编写的程序是单线程的,相应的 CRT 是静态库。随着程序的扩大,单线程已经不能完全解决所有问题,另外,静态库将代码连接到目标

程序里造成程序的体积扩大。种种原因导致多线程的出现,所以 CRT 要根据需要扩充成动态库。目前,VC 编译器提供的 CRT 库有 6 种,它们分别是:

动态链接库版本:

/MD Multithreaded DLL 使用导入库 MSVCRT. DLL 及 MSVCRT. LIB。

/MDd Debug Multithreaded DLL 使用导入库 MSVCRTD. DLL 及 MSVCRTD. LIB。

静态库版本:

/ML Single-Threaded 使用静态库 LIBC. LIB。

/MLd Debug Single-Threaded 使用静态库 LIBCD. LIB。

/MT Multithreaded 使用静态库 LIBCMT. LIB。

/MTd Debug Multithreaded 使用静态库 LIBCMTD. LIB。

VC 编写程序默认使用最简单的静态库:LIBC. LIB,如在程序中使用 printf 函数时,实际上是从库 LIBC. LIB 里提取相应的代码组合到程序中。

在 VC 中选择使用不同的库进行连接的方法是:project→settings→C/C++→Code Generation 中选择 Run-Time Library 版本。

⑤微软 CRT 函数库的分类。在 MSDN 中按如下方法:visual c++ → visual c++ programmer's guide→run-time library reference→run-time routines by category,查看得到 19 类函数:

Run-Time Routines by Category

Argument access	Floating-point support
Buffer manipulation	**Input and output**
Byte classification	Internationalization
Character classification	Memory allocation
Data conversion	Process and environment control
Debug	Searching and sorting
Directory control	String manipulation
Error handling	System calls
Exception handling	Time management
File handling	

例如,Input and output 分类中包括 fopen、fclose、fread、fwrite 等函数。

⑥CRT 需要拷贝带走吗? CRT 不需要拷贝带走,如果编写程序中使用的是静态库,库代码已经融入程序,如果使用动态库,也不用过于担心,基本上同一种系统上开发的软件在同一个系统上运行没有问题,因为这些系统都提供了动态库支持,但如果移植到其他系统则大多不会再被支持了,此时软件需要重新开发修改。

(2)应用程序开发接口 API

针对一个系统应用程序的编程开发,不能完全依赖 CRT,虽然 CRT 是根本,但如果每次编程都用最原始的方法处理,开发效率不合算。

实际上,每种操作系统都会提供一些功能函数(可能有几千个)给编程者使用,目的是更牢固地把握住用户,更大地发挥这个操作系统的性能,这些函数称为"API",如针对WINDOWS系统,微软提供了 WINDOWS API,这样很容易地编写 WIN32 窗口程序。

这里要注意 CRT 与 API 的关系,WINDOWS API 也是在 CRT 之上编写的。WINDOWS API 大多集中在动态链接库 Kernel32. dll、User32. dll、Gdi32. dll 文件中。

虽然 API 外部函数数量很多,功能强大,但并不怎么好用。这是因为这些 API 是与 OS 打交道的函数,附带的参数很复杂。以 10.2 节的问题为例进行说明。该例要求从这本文件中读入含有空格的字串字段,其中用到了指针方式(通过语句 fscanf、fprintf、fread、fwrite等)和流方式(通过 istream、ostream、ifstream、ofstreamt 等类产生对象的方法操作),这些都属于标准 CRT(在 LIBC. lib 中),如果在 WINDOWS 系统中用 API 来解决的话,需要用到下面几个函数(在 Kernel32. dll 中):

创建文件 api 函数：CreateFile	写文件 api 函数：WriteFile	读文件 api 函数：ReadFile
HANDLE CreateFile(LPCTSTR lpFileName, DWORD dwDesiredAccess, DWORD dwShareMode, LPSECURITY_ATTRIBUTESlpSecurityAttributes, DWORD dwCreationDisposition, DWORD dwFlagsAndAttributes, HANDLE hTemplateFile);	BOOL WriteFile(HANDLE hFile, LPCVOID lpBuffer, DWORD nNumberOfBytesToWrite, LPDWORD lpNumberOfBytesWritten, LPOVERLAPPED lpOverlapped);	BOOL ReadFile(HANDLE hFile, LPVOID lpBuffer, WORD nNumberOfBytesToRead, LPDWORD lpNumberOfBytesRead, LPOVERLAPPED lpOverlapped);

从上可以看出,各函数的参数比较复杂,数据类型繁多,很多数据类型(如 LPDWORD)是根据系统而定义的、为传统定义的数据类型而取的别名类型。

根据上面的 API 函数,建立文件 test. txt,向文件里写字串"合肥学院李祎",代码如下:

```
#include <windows.h>//windows.h是 WIN32 编程,使用 API 最重要的头文件
int main()
{
    HANDLE hFile;
    DWORD nBytes;
    hFile=CreateFile("test.txt",GENERIC_WRITE, FILE_SHARE_WRITE, NULL,CREATE_ALWAYS,0,NULL);
    char msg[]="合肥学院李祎";
    if( hFile!=INVALID_HANDLE_VALUE)
    {
        WriteFile( hFile, msg, sizeof(msg)-1, &nBytes, NULL);
        CloseHandle(hFile);
    }
    return 0;
}
```

运行结果:在当前目录下产生一个 text. txt 文件,内容是"合肥学院李祎"。

程序解释：

• 在 WINDOWS 系统中使用 API,要在前面加上 API 函数的头文件,即 windows. h。

• CreateFile 函数返回的是一个句柄,这是 WINDOWS 编程特有的概念,类似于指针,WINDOWS API 函数很多情况下都需要使用句柄。

(3)微软基础类 MFC*

MFC 是 Microsoft Foundation Class,即微软基础类库的缩写。

直接使用 API 函数开发 WNDOWS 程序,效率低,只做一个窗口就需上百行的代码。

针对这种情况,微软用面向对象的设计思想对 API 进行了封装,并且提供了一套解决问题的"文档－视图－框架"方案,有效地降低了编程难度。需要注意的是,MFC 是C++类库,纯粹 C 语言编译器中无法使用。

MFC 类库里有很多类,有的控制窗口,有的控制后台数据等,这里不再介绍。下面代码展示,如何用 MFC 类库打开并保存文件。

```
#include <afx.h>
#include <windows.h>
int main()
{
    CFile cfile; //CFile 是 MFC 基础类
    char msg[20]="合肥学院李祎";
    int hResult=cfile.Open("test.txt", CFile::modeCreate|CFile::modeWrite);
    //在上面设置断点,然后不断地按 F11 进入,按 Shift+F11 退出,一直到 open 函数,
    //可以看到封装在 CFile 里的 Open 如何调用 API
    if(hResult==0)
    {
        MessageBox(NULL,"打开文件失败!","提示窗口",MB_OKCANCEL);
        return;
    }
    cfile.Write(msg,20);
    MessageBox(NULL,"你保存了文件!","提示窗口",MB_OKCANCEL);
    cfile.Close();
}
```

程序解释：

• CFile 是 MFC 提供的基础类,用它定义一个对象,调用相应的读写方法。使用这个类,要在前面加上头文件,即#include <afx. h>。

• MessageBox 是 API 的函数,运行后会出现一个提示框窗口,窗口的标题是"提示窗口",里面包含的文字是"你保存了文件"等。使用这个函数,要在前面加上头文件,即#include <windows. h>。

10.3 思 维 训 练 题——自 测 练 习

1. 简答题

(1)从操作系统的角度看,文件的种类有哪些?

(2)对文件的操作有哪两种方式并简述每种方式。

(3)文件指针是如何定义的?

(4)什么是标准输入流对象和标准输出流对象?

(5)当读入文本文件和二进制文件时,如何知道读到了末尾?

(6)文本文件和二进制文件有什么区别? 以文件指针方案来说明,对于多个字段组成的格式化数据,文本文件和二进制文件读写函数有什么不同?

(7)文件指针方式的 fread 函数与流对象方式的 read 方法有什么区别?

(8)如何定义一个函数指针?

(9)静态库的含义是什么?

(10)可利用的函数资源有哪些?

2. 选择题

(1)指向标准输入文件和输出文件的指针是( )。

    (A)cin cout   (B)standin standout

    (C)CIN COUT   (D)stdin stdout

(2)用指针方式打开一个已经存在的文件 file. txt,下述代码( )是正确的。

    (A)p=fopen("file. txt",r);   (B)p=fopen("file. txt","r");

    (C)p=fopen("file. txt",mode:read);   (D)p=fopen("file. txt",ios:read);

(3)从一个文本文件里读取一个字符,使用指针方式,不可以用( )函数。

    (A)fgetc   (B)fscanf   (C)fread   (D)read

(4)已经定义了数组 scoreAll 保存学生的信息,真实学生人数为 10 人,下列( )语句能够将一个学生分数结构体数组里的数据一次性保存成二进制文件 file. dat。

    (A)FILE *pFile;pFile=fopen("file. dat","rb");fwrite((void *)scoreAll,sizeof(Score),10,pFile)

    (B)FILE *pFile;pFile=fopen("file. dat","rb");fwrite((void *)*scoreAll,sizeof(Score),10,pFile)

    (C)FILE *pFile;pFile=fopen("file. dat","rb");fwrite((void *)&scoreAll,sizeof(Score),10,pFile)

    (D)FILE *pFile;pFile=fopen("file. dat","rb");fwrite((void *)scoreAll[],sizeof(Score),10,pFile)

(5)fread 函数是利用指针方式读取二进制文件数据的专用函数,这个函数有一个返回
值表示读到的文件块的块数,如果遇到了文件末尾,返回值应该是(　　　)。

(A)一个比指定块数小的整数　　　　　　(B)0

(C)1　　　　　　　　　　　　　　　　　(D)EOF

(6)用流对象的方式输入一段文字,内容为"i have a dog",以下方式(　　　)是正确的。

(A)char str[20];cin>>str;　　　　　　(B)char str[20];cin. get(str);

(C)char ch[20];cin. getline(str,20);　　(D)char str[20];cin. read(str,10);

(7)使用流对象的方式在读写二进制磁盘文件时,声明文件是(　　　)。

(A)iostream. h　　　(B)fiostream. h　　　(C)fstream. h　　　(D)stream. h

(8)事先编写了一个动态库文件 MyDll. dll,在程序里静态地引用这个动态库里定义好
的函数 getMax,必须在编写的程序前面加上一段声明,声明如果放在 MyDll. h 里,
这个文件的内容用下面哪种描述是正确的。(　　　)

(A)♯define MYLIBAPI extern ″C″_declspec (dllexport)

MYLIBAPI intgetMax(int a, int b);

(B)♯define MYLIBAPI extern ″C″_declspec (dllexport)

intgetMax(int a, int b);

(C)♯define MYLIBAPI extern ″C″_declspec (dllimport)

MYLIBAPI intgetMax(int a, int b);

(D)♯define MYLIBAPI extern ″C″_declspec (dllimport)

intgetMax(int a, int b);

(9)语句 int (* fun(char op))(int, int)表示的含义是(　　　)。

(A)定义了一个函数 fun,函数的返回值是一个函数指针

(B)定义了一个函数 fun,函数的返回值是一个指针函数

(C)定义了一个指针 fun,这个指针指向了函数指针

(D)定义了一个指针 fun,这个指针指向了指针函数

(10)下面对 fscanf(pFile,″%d%s%. 2f″,&i,str,&f)的解释中正确的是(　　　)。

(A)从 pFile 所指的文件中读字符数据,读入格式分别是整数、字符串和二位小数

(B)从 pFile 所指的文件中读二进制数据,读入格式分别是整数、字符串和二位小数

(C)上面语句是错误的,读入的小数数据格式%. 2f错,不应设置小数点后位数

(D)上面语句是错误的,读入的字符串 str 前面少了一个 & 符号

3. 判断题

(1)不管是文本文件,还是二进制文件,都可以一个字符一个字符地读取其中的内容。

(　　　)

(2)对于内存中的结构体数组,可以一次性地将数组的内容写到二进制文件里去;而反

之,对于这个二进制文件,也可以一次性地读到内存的某个数组里去。 （　）

(3)C/C++均可使用文件指针读写数据,而C++还可使用流对象读写数据。 （　）

(4)使用二进制文件保存数据的好处是可做到数据保密及快速定位。 （　）

(5)不管是文本文件还是二进制文件,文件的最后都有一个字符"−1",C/C++标准库里用了一个宏定义 EOF 来表示。 （　）

(6)使用流方式对磁盘文件进行读写,流对象依据的类有 ifstream 和 ofstream。 （　）

(7)如果用指针的方式打开一个文件失败,返回值是一个空指针值 NULL。 （　）

(8)C/C++里可以使用的函数资源有 CRT、API、MFC 类库等。 （　）

(9)回调函数是服务端反过来调用客户端的一种机制,使用到了函数指针。 （　）

(10)从一个文件里读数据并写到另外一个文件中去,必须通过内存。 （　）

4.读程序,写程序运行结果

已知有一个文本文件 temp2.txt,内容如下:

a␣b␣c

从此文件里读数据,代码如下:

```
#include <stdio.h>
int main()
{
    FILE *pFile2=fopen("temp2.txt","r");
    char x,y,z;
    fscanf(pFile2,"%c%c%c",&x,&y,&z);
    printf("%c %c %c",x,y,z);
    return 0;
}
```

运行结果:＿＿＿＿＿＿＿＿＿＿＿＿＿＿＿＿＿

5.编程题（同型基础）

编写一个模块,从键盘上输入 5 个字符,并保存到相应的文本文件中。要求:在每次循环中均使用 fputc 函数。

［模块设计］

［问题罗列］

6. 编程题（同型基础）

编写一个模块,从键盘上输入 5 个整数,并保存到相应的文本文件中(文本文件中各字符之间以一个空格分开)。要求:在 5 次循环内用 fprintf 函数。

［模块设计］

［问题罗列］

7. 编程题（同型基础）

编写模块,根据给定的一个整数数组,在模块内将指定文本文件 score. txt(内容如:90 88 78…)中保存的分数读入至数组。要求:用 fscanf 函数读入。

提示:可用读入返回的个数来判断是否读到文件结束。

［模块设计］

［问题罗列］

8. 编程题（同型基础）

编写两个模块:模块一,从键盘上输入 5 个整数,并保存到相应的二进制文件中;模块二,从二进制文件里将 5 个整数读出来,放入一维整数数组中。

［模块设计］

［问题罗列］

10.4 思维训练题——答辩练习

9. 编程题（变式答辩）

文本文件 Student. txt 保存了部分学生的基本信息，每个学生信息包括姓名、密码、年龄3 个方面的内容，数据如下：

张三　　wxy　　18

李四　　u34　　17

…

参考教材 10.4.2 节调入模块，请编写模块 loadStudentTXT，根据给定的结构体数组，读入所有学生的信息，并返回真实学生人数；另外，编写主模块测试。

[模块设计]

[模型设计]

[问题罗列]

10. 编程题（变式答辩）

二进制文件 Student. dat 保存了部分学生的基本信息，每个学生信息包括姓名、密码、年龄 3 个方面的内容，Student. dat 文件按结构体的格式保存数据。

参考教材 10.5.3 节调入模块，请编写模块 loadStudentBIN，根据给定的结构体数组，读入所有学生的信息，并返回真实学生人数；另外，编写主模块测试。

[模块设计]

[模型设计]

［问题罗列］

11.编程题（变式答辩）

文本文件 Score.txt 保存了部分学生的整数分数,内容如:90 88 78…,编写模块调入其中的数据,计算总分并写入 Score.txt 文件的最后。

［模块设计］

［模型设计］

［问题罗列］

12.编程题（变式答辩）

文本文件 Score.txt 保存了部分学生的整数分数,内容如:90 88 78…,编写模块 1 读数据进入指定的数组;编写模块 2 将数组数据保存成二进制文件 score.dat,并编写主模块测试。

提示:模块 1 需要返回真实人数,传地址;模块 2 需要传递真实人数,传数。

［模块设计］

［模型设计］

［问题罗列］

10.5 思 维 训 练 题——阅 读 提 高

13. 编程题（提高初级）

编写两个模块分别完成以下功能。模块1,写入模块,先将一个结构体数组的长度保存到二进制文件中,再保存结构体数组的内容;模块2,读出模块,从上述格式的文件里先取出长度,然后根据长度动态生成结构体数组,最后将二进制文件中结构数据保存至动态生成结构体数组。编写模块并测试。

[模块设计]

[模型设计]

[问题罗列]

14. 编程题（提高中级）

编写一个模块,从一个已知结构的二进制文件里读入第 n 个记录。

提示:请查询二进制文件的快速定位相关资料。

[模块设计]

[模型设计]

[问题罗列]

15.阅读题（提高高级）

编写模块,统计一个文本文件中所有单词的个数。

①模块功能:通过一个文件得到其中单词个数。

②输入输出:int getWordsFromTXT(FILE *pF)。

③解决思路:如文件内容:a ab,从头读到尾,遇空格置记数状态;遇正常字符,立即统计计数,然后置不记数状态,这样可以保证只是第一次遇正常字符才记数。

④算法步骤:流程图主要部分如下所示。

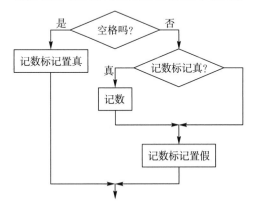

⑤模块代码和主程序代码及运行结果:

getWordsFromTXT 模块代码	主模块测试代码
```c int getWordsFromTXT(FILE *pF) { char ch,counts=0; bool countFlag=true; while ((ch=fgetc(pF))!=EOF) { if (ch==' '||ch=='\n') { countFlag=true; } else { if (countFlag==true) { counts++; } countFlag=false; } } return counts; } ```	```c int main() { FILE *pFile1; pFile1=fopen("file1.txt","r"); printf("单词个数:%d",getWordsFromTXT(pFile1)); fclose(pFile1); } ``` 运行结果: ``` 单词个数:5 ```

10.6　上机实验

[实验题目]

学生成绩管理系统界面如下,当选择一个功能号时可以执行相应的功能。

欢迎进入学生成绩管理系统

1 数据录入　　2 数据显示

3 数据删除　　4 数据排序

5 数据保存　　6 数据调入

7 退出系统

请选择功能号(1,2,3,4,5,6,7)

[实验要求]

①主模块定义分数结构体数组可设置为 scoreAll,并分配空间长度为 40。

②在主模块里设置一个局部变量 num 用来记录当前的真实人数,num 初始值为 0。

③文件的格式确定为二进制文件,并通过 fread 函数进行读取学生分数的数据,用 fwrite 函数进行学生分数数组的保存。

④所有功能模块返回均约定为 void,即不需要返回值。

[实验提示]

①二进制文件的读写函数。

写函数:int fwrite(const void * buffer, size_t size, size_t count, FILE * stream);

解释:size 表示要写的一块数据的大小,count 表示要写的块数,stream 表示向哪个文件里写,buffer 表示数据要写入的起始地址。这个函数的返回值是写进去的块数。比如说,将学生结构体数组里所有数据都写到文件里去,已知共有 num 个学生人数,方法是:fwrite((void *)pStudentAll,sizeof(Student),num,pFile);

读函数:int fread(void * buffer, size_t size, size_t count, FILE * stream);

解释:size 表示要读的一块数据的大小,count 表示要读的块数,stream 表示读文件,buffer 表示读出的数据放置的起始地址。这个函数的返回值是读进去的块数。如果返回值和你的预测不相等,就表示已经读完了,这可以作为读二进制文件的判断条件。

②从文件里读入数据,文件读取什么时候结束是一个关键,fread 在读入数据的时候,有一个读入块数的返回值,如果每次正常读入的是一块,那么当读入的不到一块的时候,表示读入数据结束,可以用一个死循环判断是否读入数据完毕。这里给出通过指针方式来操作的"调入模块"代码:

```
while (true)
{
    if (fread((void *)&pStudentAll[i],sizeof(Student),1,pFile)!=1)
    {
        break;
    }
    i++;
}
```

[**实验思考**]

①用指针方式读取数据和用流方式读取结构体数据,函数的参数有何区别?

②对内存里保存学生信息的结构体数组,可以一次性地写到文件里,为什么不能够从一个二进制文件里一次性地将数据读取出来呢?

③本次实验生成的二进制文件,用什么软件可以打开?

类 和 对 象

11.1　目 标 与 要 求

➢ 认识面向对象语言的设计思路。

➢ 理解类的模型,学会建立对象。

➢ 灵活地创建对象并使用。

➢ 认识对象之间的 3 种关系,能够用面向对象的思想对学生管理系统进行简单的分析。

11.2　解 释 与 扩 展

1. 用面向对象思想编写系统带来的好处

数据放在一个对象的内部,再赋予对象恰当的接口(外部方法),可以从容地操作这个对象(实质是操作里面的数据)。这个思路可以解决面向过程中数据和操作分离带来的不便。以学生成绩管理系统为例,这种好处体现在以下两点:

①数据由共享式变为专属,专门归属于"分数管理者"(或称为"分数管理器"),这些数据在内部,这样外界根本就看不到数据,能够看到分数数据的只有"分数管理者"自己。

②模块由不可控变为可控,对分数所有的操作模块都放在"分数管理器"中,但这些操作模块是可以分层次的,有的模块是可以提供给外界使用的,有的模块不能够提供给外界使用。即便编写一个对分数数据有非常大破坏性的模块,如果审核不通过,不提供给外界,模块也无法起到破坏作用。因此,必须审查接口并设置控制,以便有效保障安全。

2. UML 建模工具简介

UML 建模工具很多,这些工具无一例外都针对面向对象应用程序开发,其中好的工具通常支持使用多种构件和多种语言的复杂系统建模,并利用双向工程技术可以实现迭代式开发。目前用得比较多的有 IBM 公司出品的 Rational Rose、微软公司出品的 Microsoft Office Visio、SPARX 公司出品的 Enterprise Architect 等。下面以 Rose 为工具简要介绍图形与代码之间的双向转换过程。

逆向工程指有了代码转成图形,正向工程指根据图形转代码,在 rose 中通常用 Component View(简称 CV)和 Logic View(简称 LV)两种视图完成。ScoreManager 与 Score 关系的逆向与正向过程操作如下:

(1)逆向工程步骤及图形

①首先,在 CV 中建立一个组件,命名为 ScoreManagerComp,并设置其语言属性 ANSI C++。

②其次,设置组件的 ANSI C++属性,设置其对应的源码文件目录和相应的文件。

③再次,设置组件的 ANSI C++属性,调用 Reverse Engineer,这样就会在 rose 中生成 ScoreManager 与 Score 两个类。

④最后,在 LV 中的 main 类对话框(或新建一个类对话框)中,拖动两个类进入即可。

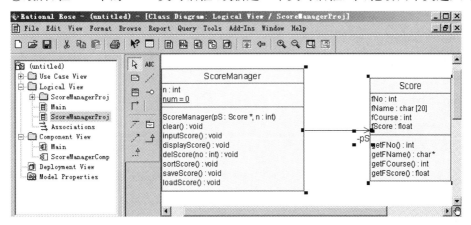

(2)正向工程步骤及图形

①首先,在 CV 中建立一个组件命名为 ScoreManagerComp,并设置其语言属性 ANSI C++。

②其次,设置组件的 ANSI C++属性,设置其对应的源码文件目录(今后画出类图所生成的代码自动归属在设定的目录下)。

③再次,在 LV 中的 main 类对话框(或新建立一个类对话框)中,画出 ScoreManager 与 Score 两个类,且设置其组件为 ScoreManagerComp。

④最后,设置组件的 ANSI C++属性,调用 Generate Code,这样就会在前面设定目录中生成相应代码。

3."学生登录"代码

根据关联和分层思想,按三层模式设计出界面类、业务类、数据类,完成"学生登录"的用例设计。

(1)StudentLoginForm 类

```
//StudentLoginForm. h 文件
#ifndef StudentLoginForm_h
#define StudentLoginForm_h
#include "StudentLogic. h"
class StudentLoginForm
{
 public:
    StudentLoginForm();
    void init();
    void inputNamePwd();
```

```
    void login();

    void feedback();

    bool getLoginStatus();


private:
    char fName[20];

    char fPwd[20];

    int fType;

    bool fLoginSuccess;


    StudentLogic * fPStudentLogic;
};
#endif
```

//StudentLoginForm.cpp 文件

```
#include "StudentLoginForm.h"

#include "StudentLogic.h"

#include <iostream.h>

StudentLoginForm::StudentLoginForm()

{

    fType=0; //0 表示是学生

    fPStudentLogic=NULL;

    cout<<endl<<"*********当前是学生登录界面*********"<<endl;

    init();

}

void StudentLoginForm::init()

{

    cout<<"提醒:用户名不超过6位,密码6位,请输入学生信息"<<endl;

    cout<<"请输入姓名和密码,中间以空格分隔";

}


void StudentLoginForm:: inputNamePwd ()

{

    cin>>fName>>fPwd;

}



void StudentLoginForm::login()

{

    inputNamePwd();
```

```cpp
    if (fPStudentLogic==NULL)
    {
        fPStudentLogic=new StudentLogic;
    }
    fLoginSuccess=fPStudentLogic->login(fName,fPwd);
}
void StudentLoginForm::feedback()
{
    if (!fLoginSuccess)
    {
        cout<<"你没有登录成功,请重新登录后执行其他操作"<<endl;
    }
    else
    {
        cout<<"你登录成功,可以进行其他操作"<<endl;
    }
}
bool StudentLoginForm::getLoginStatus()
{
    return fLoginSuccess;
}
```

(2)StudentLogic 类

```cpp
//StudentLogic.h 文件
#ifndef STUDENTLOGIC_H
#define STUDENTLOGIC_H
#include "StudentDB.h"
class StudentLogic
{
  public:
    StudentLogic();
    bool login(char *pName, char *pPwd);
  private:
    StudentDB * fPStudentDB;
};
#endif
```

```
// StudentLogic. cpp 文件
# include "StudentLogic. h"
# include "StudentDB. h"
# include "StudentInfo. h"
# include <string. h>
StudentLogic::StudentLogic()
{
    fPStudentDB=NULL;
}
bool StudentLogic::login(char *pName, char *pPwd)
{
    if (fPStudentDB==NULL)
    {
        fPStudentDB=new StudentDB;
    }
    fPStudentDB->connector();
    StudentInfo studentInfo;

    while (fPStudentDB->inStream. read((char *)&studentInfo, sizeof(StudentInfo)))
    {
        if (strcmp(studentInfo. getFName(), pName)==0&&strcmp(studentInfo. getFPwd(), pPwd)==0)
        {
            fPStudentDB->inStream. close();
            return true;
        }
    }
    return false;
}
```

(3)StudentDB 类

```
// StudentDB. h 文件
# ifndef STUDENTDB_H
# define STUDENTDB_H
# include <fstream. h>
class StudentDB
{
  public:
    StudentDB();
    void connector();
    void disconnector();
```

```
    char fConnctionStr[40];

    ifstream inStream;

    ofstream outStream;

};

#endif
```

//StudentDB. cpp 文件

```
#include "StudentDB.h"

#include <string.h>


StudentDB::StudentDB()

{

    cout<<"连接学生信息文件……"<<endl;

    strcpy(fConnctionStr,"StudentInfo.dat");

}


void StudentDB::connector()

{

    inStream.open(fConnctionStr,ios::in||ios::binary);

    outStream.open(fConnctionStr,ios::out||ios::binary);

}


void StudentDB::disconnector()

{

    inStream.close();

    outStream.close();

}
```

(4)主模块测试程序 LoginMain. cpp 文件

```
#include "StudentLoginForm.h"

int main()

{

    StudentLoginForm studentLoginForm;

    studentLoginForm.login();

    studentLoginForm.feedback();

    return 0;

}
```

运行结果：

程序解释：

· 窗口类关联到业务类,业务类关联到数据端,所以在窗口类的数据成员里设置业务对象,在业务类的数据成员里设置数据端对象。而在每个类的构造函数里均设置指针为空,在需要使用这些对象时,再使用 new 生成对象。

· 数据端中最关键的是数据集对象,这是在程序中真正保存数据的地方,而不是指文件或数据库。WIN32 窗口编程,各种开发平台都提供了针对数据库操作的数据集对象,本教材案例均采用控制台编程,使用两个流对象来表示数据集。另外,还有一点需要注意的,数据集中数据的获取并不是数据端主动发生的,一定是业务端需要才发生的,因此针对数据集的操作应该在业务端。

· 业务类里需要从读到的数据里解析"学生",需定义"学生信息类"StudentInfo 类。

11.3　思维训练题——自测练习

1.简答题

(1)什么是对象？

(2)类和结构体类型有什么区别？

(3)类的默认构造函数起什么作用？

(4)构造函数除了默认的构造函数之外,还有没有其他的构造函数？

(5)使用 MFC 画笔类产生一个画笔对象,画出一个椭圆。

(6)汽车和发动机是什么关系？汽车和导航仪是什么关系？人与导航仪是什么关系？

(7)人与车子是什么关系？举例说明,如何点击界面上按钮后让人开车？

(8)类的三大特征是什么？

(9)如何定义常对象指针？常对象指针有什么作用？

(10)static 数据成员有什么作用？

(11)类的数据成员初始化与结构体的字段初始化有何不同？

(12)编译器会以一个类默认生成哪些函数？

2.判断题

(1)类的成员如果没有主动写访问控制符（public/protected/private）,其访问特性是（　　），而结构体的成员默认情况下访问控制权限是（　　）。

　　(A)public/private　　(B)private/public　　(C)public/public　　(D)private/private

(2)不能作为类的数据成员的是(　　)。

　　(A)本类定义的对象　　　　　　　　(B)本类定义的对象引用

　　(C)本类定义的对象指针　　　　　　(D)其他类所定义的对象

(3)已知一个类 Person,只有一个数据成员 fId,则 Person p(100)与 Person p[100](　　)。

　　(A)两者无区别,都是初始化对象数据为 100

　　(B)两者无区别,都是定义了长度为 100 的对象数组

　　(C)有区别,()是调用带参构造函数初始化,而[]是定义了长度为 100 的对象数组

　　(D)有区别,()是调用带参构造函数初始化,而[]是调用了无参构造函数初始化

(4)对于构造函数的描述,正确的是(　　)。

　　(A)即使不写构造函数,系统都会提供一个默认的构造函数

　　(B)一旦写了构造函数,默认的构造函数消失

　　(C)构造函数的作用是在系统产生对象时自动调用,且构造函数可以重载

　　(D 构造函数不能带返回类型

(5)如教材 11.6.6 中定义了 Person 的拷贝构造函数,则下列语句正确的描述是(　　)。

```
Person p1;//1
Person p2(1,"liyi");//2
Person p3(p2);//3
Person p4=p2//4
Person p5;p5=p1;//5
```

　　(A)无参构造、带参构造、拷贝构造、拷贝构造、非构造而是赋值

　　(B)无参构造、带参构造、拷贝构造、拷贝构造、拷贝构造

　　(C)无参构造、带参构造、赋值构造、拷贝构造、拷贝构造

　　(D)无参构造、带参构造、拷贝构造、赋值构造、赋值构造

(6)如下代码,运行后结果是(　　)。

```
class Complex
{
  public:
    Complex(){real=0;image=0;}
    Complex(int r,int i){real=r;image=i;}
    Complex add(Complex &c2)
    {
        return Complex(this->real+c2.real,this->image+c2.image);
    }
    void display(){cout<<real<<"+"<<image<<"i"<<endl;}
  private:
    int real;
```

```
    int image;
};


int main()
{
    Complex cl(3,4),c2(5,6),c3;
    c2.add(cl);
    c2.display();
}
```

(A)3+4i　　　　　(B)8+10i　　　　(C)5+6i　　　　(D)0+0i

(7)下面关于类的成员函数描述,错误的是(　　　)。

(A)成员函数只能操作公用数据

(B)成员函数既可写在类内,也可写在类外

(C)成员函数之间可以相互调用

(D)成员函数不能相互调用

(8)下面关于类的析构函数描述,正确的是(　　　)。

(A)析构可以回收数据成员申请的空间　　(B)析构函数无需调用,自动执行

(C)析构函数可以重载　　　　　　　　　　(D)析构函数不带返回类型

(9)下面关于类的常成员函数描述,正确的是(　　　)。

(A)常成员函数不能改变任何数据成员

(B)常成员函数可以调用类内任何成员

(C)常成员函数可以访问任何数据成员

(D)常成员函数是常对象唯一可操作的成员函数

(10)对于函数重载,下面说法正确的是(　　　)。

(A)函数名一定相同

(B)参数个数和参数类型总体上不同

(C)返回值类型一定要不同

(D)函数重载时定义正确,但调用可能出错

3.判断题

(1)C语言是面向过程语言,无法体现面向对象的思想。　　　　　　　　　　(　　)

(2)类的三大特征是:结构、模块、文件。　　　　　　　　　　　　　　　　　(　　)

(3)面向对象和面向过程,二者必选一,不可能同时兼得。　　　　　　　　　(　　)

(4)在父类里定义的外部方法到了子类就一定是外部方法。　　　　　　　　(　　)

(5)访问对象里的私有数据的唯一方法是通过外部成员函数,也称"外部成员方法"。(　　)

(6)有了类,就可以根据这个类生成一个具体的对象。　　　　　　　　　　　(　　)

(7)所有的类都必须包含两个部分:数据+方法。　　　　　　　　　　　　　(　　)

(8)对象之间的关系复杂,最常见的关系是关联关系。　　　　　　　　　　　(　　)

(9)OOD 和 OOA 是指面向对象的设计和面向对象的分析。 （ ）

(10)一个类即使不写构造函数,构造函数都是存在的。 （ ）

4. 改错题

```
# include <iostream. h>
class A
{
  public：
    void A()；// error1
    void A(int a,int b)；// error2
    static void setFAB(int a,int b)；
    void display() const；
  private：
    int fA；
    int fB；
};
void A::A(){fA=fB=0;}// error3
void A::A(int a,int b){fA=a;fB=b;}// error4
void A::setFAB(int a,int b){fA=a;fB=b;}// error5
void A::display()
{// error6
    cout<<a<<b；// error7
}
```

5. 读程序写结果

(1)参考教材 11.6.5 中例 11.3 所定义的 Person 类,编写主模块代码如下,写出运行结果。

```
# include ~Person. h~
int main()
{
    Person p1(1,~liyi~),p2；
    return 0；
}
```

(2)根据下面给定代码写出程序运行结果。并参考教材 11.6.9 关于 this 的描述分析结果。

```
class Complex
{
  public：
    Complex()
    {
        real=0；
        image=0；
    }
```

```cpp
    Complex(int r,int i)
    {
        real=r;image=i;
    }
    Complex add(Complex &c2)
    {
        return Complex(this->real+c2.real,this->image+c2.image);
    }
    void display(){cout<<real<<"+"<<image<<"i"<<endl;}
  private:
    int real;
    int image;
};

class Rect
{
  public:
    Rect();
    Rect(int length,int width);
    void display() const;              //定义常成员函数
  private:
    int length;
    int width;
};

Rect::Rect()
{
    length=width=0;
}
Rect::Rect(int length,int width)
{
    this->length=length;        //this
    this->width=width;
}
void Rect::display() const
{
    cout<<"this is:"<<this<<endl;
    cout<<"length:"<<length;
    cout<<"width:"<<width<<endl;
}
```

```
int main()
{
    Rect r1(3,4);
    cout<<"r1 的地址是:"<<&r1<<endl;
    r1.display();
}
```

6. 编程题（同型基础）

编写一个 Teacher 类，数据成员和成员方法自定。

［类图结构］

［程序代码］

［问题罗列］

7. 编程题（同型基础）

参考教材 11.4 节相关内容，将上一章的结构体类型 Score 改成 Score 类。

［类图结构］

［程序代码］

［问题罗列］

8.编程题（同型基础）

仿照教材11.6.4中的TeacherInfo类，编写StudentInfo类，并为它添加无参构造函数和重载的带参构造函数。

［程序代码］

［问题罗列］

11.4　思维训练题——答辩练习

9.编程题（变式答辩）

定义矩形类Rectangle，其成员数据包括：长和宽，其成员方法包括：外部方法getArea求面积，外部方法setSideLength设置长宽，默认的构造函数。在主函数内根据所定义的类定义矩形对象，调用它的方法，求矩形面积。

［类图结构］

［程序代码］

［问题罗列］

10.编程题（变式答辩）

基于教材11.4建立的分数类Score，本节增加"学号校验"内部方法，检验规则：号码最大是100，最小是1，否则视为无效；编写"设置学号"外部方法，通过外部输入的数据来填写学号成员，填写前需调用"学号检验"内部方法检验。

［类图结构］

［程序代码］

［问题罗列］

11.5 思维训练题——阅读提高

11. 编程题（提高初级）

根据教材 11.7.3 定义的 String 类,定义两个字符串对象,取第一个字符串的左边 3 个字符组成新字符串与第二个字符串相加,并显示最后的结果。

提示:为 Sring 类增加新的取左子串成员方法,格式如:String & left(int n)。

［程序代码］

［问题罗列］

12. 阅读题（提高中级）

建立一个时钟类,数据成员包括时分秒,并对各运算符重载。

①Clock. h。

```cpp
class Clock
{
  private:
    int fHour,fMinute,fSecond;          //时,分,秒
  public:
    Clock();                            //借助 new
    Clock(int fHour,int fMinute,int fSecond);
    void inc();
    void showClock();
    Clock operator++();                 //重载前缀++
    Clock operator++(int);              //重载后缀++
```

```
        bool operator==(const Clock &);           //重载==
        Clock & operator=(const Clock &);          //重载=
        void * operator new(size_t size);          //重载 new
        void operator delete(void *ptr);           //重载 delete
        void * operator new[](size_t size);        //重载 new[]
        void operator delete[](void *ptr);         //重载 delete[]
};
```

②Clock.cpp。

```
Clock::Clock(){}
Clock::Clock(int hour,int minute,int second)
{
    this->fHour=hour;
    this->fMinute=minute;
    this->fSecond=second;
}
void Clock::inc()
{
    fSecond++;
    if(fSecond>=60)
    {
        fSecond=0;
        fMinute++;
        if(fMinute>=60)
        {
            fMinute=0;
            fHour++;
            if(fHour>=24)
            {
                fHour=0;
            }
        }
    }
}
void Clock::showClock()
{
    cout<<fHour<<':'<<fMinute<<':'<<fSecond<<endl;
}
Clock Clock::operator++()
```

```
{                                       //重载前缀++运算符
    inc();
    return Clock(fHour,fMinute,fSecond);  //返回值对象
}
Clock Clock::operator++(int)
{                                       //重载后缀++运算符
    Clock c(fHour,fMinute,fSecond);
    inc(); return c;
}
bool Clock::operator==(const Clock & c)
{                                       //重载==运算符
    return(fHour==c.fHour)&&(fMinute==c.fMinute)&&(fSecond==c.fSecond));
}
Clock & Clock::operator=(const Clock & c)
{                                       //重载=运算符
    fHour=c.fHour;
    fMinute=c.fMinute;
    fSecond=c.fSecond;
    return (*this);                     //返回当前对象的引用
}
void * Clock::operator new(size_t size)
{                                       //重载 new 运算符
    char *p=(char *)malloc(size);
    memset(p,0,size);                   //此处对时分秒数据初始化为 0
    return p;
}
void Clock::operator delete(void *ptr)
{                                       //重载 delete 运算符
    free(ptr);
}
void * Clock::operator new[](size_t size)
{                                       //重载 new[]运算符
    return malloc(size);
}
void Clock::operator delete[](void *ptr)
{                                       //重载 delete[]运算符
    free(ptr);
}
int main()
```

```
{
    Clock c;
    c.showClock();              //结果是随机值
    Clock *pClock;
    pClock=new Clock;           //使用了重载的 new 运算符,时分秒数据应该是 0 0 0
    pClock->showClock();        //结果是 0:0:0
    (*pClock)++;
    pClock->showClock();        //结果是 0:0:1
    return 0;
}
```

13. 编程题（提高高级）

根据关联和分层思想,重新设计界面类、业务类、数据类,完成"登录系统"(学生)的设计,并判断编写主程序验证设计是否正确。

〔类图结构〕

〔程序代码〕

〔问题罗列〕

11.6 上机实验

〔实验题目〕

学生成绩管理系统:要求使用面向对象的编程思想,编写两个类 ScoreManager 和 Score,完成学生成绩管理,界面如下,当选择一个功能号时可执行相应功能。

欢迎进入学生成绩(分数)管理系统

1 数据录入　　2 数据显示

3 数据删除　　4 数据排序

5 数据保存　　6 数据调入

7 退出系统

请选择功能号(1,2,3,4,5,6,7)

[实验要求]

①分数类 Score 包括 4 个数据成员：学号、姓名、课程号、分数。

②根据 ScoreManager 和 Score 两个类的关联关系，确定 ScoreManager 类的关联数据成员。

③类 ScoreManager 的数据成员：学生真实人数设置成静态数据成员，并初始化为 0。

④类 ScoreManager 的重载构造函数里，设置参数接收传入的分数结构体数组，表示 ScoreManager 对象与 Score 对象的生命期互不负责。

[实验提示]

两个类之间的关系如下：

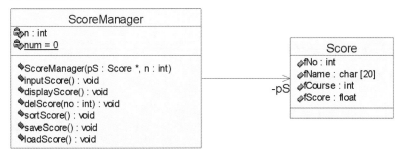

[实验思考]

①对象之间的关系有哪几种？

②三层结构指什么？

③如果把 ScoreManager 放在界面层上，界面层与之应该是什么关系？

继　承

12.1　目标与要求

➢ 学习动态建立对象的方法。
➢ 学会公用继承。
➢ 初步理解继承设计原则。
➢ 理解迭代思想，尝试使用迭代设计简单系统。

12.2　解释与扩展

1. "教师学生登录"代码

经过分层、迭代后设计的界面、业务、数据代码和测试主程序代码：

（1）界面代码

UserLoginForm 类代码如下：

UserLoginForm. h 文件

```cpp
#ifndef UserLoginForm_h
#define UserLoginForm_h
class UserLoginForm
{
  public:
    UserLoginForm();
    void init();
    void inputNamePwd();
    void login();
    void feedback();
    bool getLoginStatus();
  protected:
    char fName[20];
    char fPwd[20];
    int fType;
    bool fLoginSuccess;
};
#endif
```

UserLoginForm. cpp 文件

```cpp
# include "UserLoginForm. h"
# include <iostream. h>
UserLoginForm::UserLoginForm()
{
    fLoginSuccess=false;
    init();
}


void UserLoginForm::inputNamePwd()
{
    cin>>fName;cin>>fPwd;
}


void UserLoginForm::init()
{
    cout<<"欢迎进入用户登录主界面";
}


bool UserLoginForm::getLoginStatus()
{
    return fLoginSuccess;
}


void UserLoginForm::login()
{
    ;                        //不写内容,写 login 完全是为了共性
}


void UserLoginForm::feedback()
{
    ;                        //不写内容,写 feedback 完全是为了共性
}
```

StudentLoginForm 类代码如下：

StudentLoginForm. h 文件

```cpp
# ifndef StudentLoginForm_h
# define StudentLoginForm_h
# include "UserLoginForm. h"
```

```
# include "StudentLogic.h"
class StudentLoginForm:public UserLoginForm
{
    public:
    StudentLoginForm();
    void init();
    void login();
    void feedback();
  private:
    StudentLogic * fPStudentLogic;
};
# endif
```

StudentLoginForm. cpp 文件

```
# include "StudentLoginForm. h"
# include "UserLoginForm. h"
# include "StudentLogic. h"
# include <iostream. h>
StudentLoginForm::StudentLoginForm()
{
    fType=0; // 0 表示是学生
    fPStudentLogic=NULL;
    init();
}
void StudentLoginForm::init()
{
    cout<<endl<<"＊＊＊＊＊＊＊＊当前是学生登录界面＊＊＊＊＊＊＊＊＊"<<endl;
    cout<<"提醒:用户名不超过 6 位,密码 6 位,请输入学生信息"<<endl;
    cout<<"请输入姓名和密码,中间以空格分隔";
}
void StudentLoginForm::login()
{
    inputNamePwd();
    if (fPStudentLogic==NULL)
    {
        fPStudentLogic=new StudentLogic;
    }
    // 从业务端取数据放在窗体类上是正确的
    fLoginSuccess=fPStudentLogic->login(fName,fPwd);
}
```

```
void StudentLoginForm::feedback()
{
    if (!fLoginSuccess)
    {
        cout<<"学生身份没有登录成功,请重新登录后执行其他操作"<<endl;
    }
    else
    {
        cout<<"学生身份登录成功,可以进行其他操作"<<endl;
    }
}
```

TeacherLoginForm 类代码如下:

TeacherLoginForm. h 文件

```
#ifndef TeacherLoginForm_h
#define TeacherLoginForm_h
#include "UserLoginForm. h"
#include "TeacherLogic. h"
class TeacherLoginForm: public UserLoginForm
{
  public:
    TeacherLoginForm();
    void init();
    void login();
    void feedback();
  private:
    TeacherLogic
    * fPTeacherLogic;
};
#endif
```

TeacherLoginForm. cpp 文件

```
#include "TeacherLoginForm. h"
#include "UserLogic. h"
#include "TeacherLogic. h"
#include <iostream. h>


TeacherLoginForm::TeacherLoginForm()
{
```

```
        fType＝1;//1 表示教师
        fPTeacherLogic＝NULL;
        init();
}


void TeacherLoginForm::init()
{
        cout<<endl<<"＊＊＊＊＊＊＊＊当前是教师登录界面＊＊＊＊＊＊＊＊＊"<<endl;
        cout<<"提醒:用户名不超过 8 位,密码 8 位,请输入教师信息"<<endl;
        cout<<"请输入姓名和密码,中间以逗号分隔";
}


void TeacherLoginForm::login()
{
        inputNamePwd();
        if (fPTeacherLogic==NULL)
        {
                fPTeacherLogic＝new TeacherLogic;
        }
        fLoginSuccess＝fPTeacherLogic－>login(fName,fPwd);
}


void TeacherLoginForm::feedback()
{
        if (!fLoginSuccess)
        {
                cout<<"教师身份没有登录成功,请重新登录后执行其他操作"<<endl;
        }
        else
        {
                cout<<"教师身份登录成功,可以进行其他操作"<<endl;
        }
}
```

(2)业务代码

UserLogic 类代码如下：

UserLogic. h 文件

```
# ifndef USERLOGIC_H
# define USERLOGIC_H
class UserLogic
```

```
{
  public:
    UserLogic();
    bool login(char *pName, char *pPwd);
};
#endif
```

UserLogic. cpp 文件

```
#include "UserLogic.h"

UserLogic::UserLogic()
{
}


bool UserLogic::login(char *pName, char *pPwd)
{
    return true;
}
```

StudentLogic 类代码见第 11 章思维训练部分；TeacherLogic 类参考 StudentLogic 类。

（3）数据代码

UserDB 类代码如下：

UserDB. h 文件

```
#ifndef USERDB_H#
define USERDB_H
#include <fstream.h>
class UserDB
{
  public:
    UserDB();
    void connector();
    void disconnector();

    char fConnctionStr[40];
    ifstream inStream;
    ofstream outStream;
};
#endif
```

UserDB. cpp 文件

```cpp
include "UserDB.h"
# include <string.h>

UserDB::UserDB()
{
    cout<<"连接到文件……"<<endl;
}
void UserDB::connector()
{
    inStream.open(fConnctionStr,ios::in||ios::binary);
    outStream.open(fConnctionStr,ios::out||ios::binary);
}

void UserDB::disconnector()
{
    inStream.close();
    outStream.close();
}
```

StudentDB 类代码见第 11 章思维训练部分；TeacherDB 类参考 StudentDB 类。
(4)主模块测试程序 LoginMain. cpp

```cpp
# include "StudentLoginForm.h"
# include "TeacherLoginForm.h"
int main()
{
    cout<<"请输入用户类型(0 学生 1 教师)";
    int type;
    cin>>type;
    if (type==0)
    {
        StudentLoginForm studentLoginForm;
        studentLoginForm.login();
        studentLoginForm.feedback();
    }
    else
    {
        TeacherLoginForm teacherLoginForm;
        teacherLoginForm.login();
        teacherLoginForm.feedback();
    }
    return 0;
}
```

运行结果：

学生登录

```
请输入用户类型<0学生1教师>0
欢迎进入用户登录主界面
*********当前是学生登录界面*********
提醒：用户名不超过6位，密码6位，请输入学生信息
请输入姓名和密码,中间以空格分隔liyi liyi
连接到文本文件……
学生身份登录成功，可以进行其他操作
```

教师登录

```
请输入用户类型<0学生1教师>1
欢迎进入用户登录主界面
*********当前是教师登录界面*********
提醒：用户名不超过8位，密码8位，请输入教师信息
请输入姓名和密码,中间以空格分隔wym wym
连接到文本文件……
教师身份登录成功，可以进行其他操作
```

程序说明：

• 事先按 StudentInfo 和 TeacherInfo 的结构写 StudentInfo. dat 和 TeacherInfo. dat 两个文件，以便学生和教师按各自文件中的数据登录。

• 密码检测代码没有提供，可在相应的窗体补充成员函数完成检测功能。

• UserLoginForm 里的 login 和 feedback 两个共性方法没写代码，也没被执行。

2. 成绩管理系统

经过分层、迭代后设计的界面、业务、数据三方代码和测试主程序代码：

（1）界面层

①界面层主窗体类——MainForm 类。

MainForm. h 文件

```cpp
#ifndef MainForm_h
#define MainForm_h
#include "ScoreOperationForm.h"
class MainForm
{
  public：
    MainForm();
    void init();
    void run();
};
#endif
```

MainForm. cpp 文件

```cpp
#include "MainForm.h"
#include <iostream.h>
MainForm::MainForm()
```

```
{
    init();                    //将初始化窗体代码放在构造函数中
}
void MainForm::init()
{
    cout<<"欢迎来到成绩管理系统"<<endl;
    cout<<"**************"<<endl;
    cout<<"*作者:李祎*"<<endl;
    cout<<"*版本:BETA1*"<<endl;
    cout<<"**************"<<endl;
    cout<<endl;
}
void MainForm::run()
{
    ;//抽取共性,代码可不写
}
```

②界面层教师主窗体类——TeacherMainForm 类。

TeacherMainForm. h 文件

```
#ifndef TeacherMainForm_h
#define TeacherMainForm_h
#include "MainForm.h"
class TeacherMainForm:public MainForm
{
  public:
    TeacherMainForm();
    void init();
    void run();
  protected:
  private:
    ScoreOperationForm
    *fPScoreOperationForm;
};
#endif
```

TeacherMainForm. cpp 文件

```
#include "TeacherMainForm.h"
#include <process.h>
#include <iostream.h>
```

```
TeacherMainForm::TeacherMainForm()
{
    fPScoreOperationForm=NULL;
    init();
}


void TeacherMainForm::init()
{
    cout<<"进入登录的是教师主窗体……"<<endl;
}


void TeacherMainForm::run()
{
    if (!fPScoreOperationForm)
    {
        fPScoreOperationForm=new ScoreOperationForm;
    }
    fPScoreOperationForm->run();
}
```

③界面层分数操作主窗体类——ScoreOperationForm 类。

ScoreOperationForm. h 文件

```
#ifndef ScoreOperationForm_h
#define ScoreOperationForm_h
#include "ScoreManager.h"
class ScoreOperationForm
{
  public:
    ScoreOperationForm();
    void init();
    void run();
    int menu();
  protected:
  private:
    ScoreManager *psm;
};
#endif
```

ScoreOperationForm. cpp 文件

```cpp
#include "ScoreOperationForm.h"
#include <iostream.h>
#include <stdlib.h>
ScoreOperationForm::ScoreOperationForm()
{
    psm=NULL;
    init();
}


void ScoreOperationForm::init()
{
    cout<<"进入操作学生信息界面……"<<endl;
}
int ScoreOperationForm::menu()
{
    cout<<" *********操作学生信息界面 ***************"<<endl;
    cout<<"1 输入学生信息          2 显示学生信息"<<endl;
    cout<<"3 删除学生信息          4 排序学生信息"<<endl;
    cout<<"5 保存学生信息          6 调入学生信息"<<endl;
    cout<<"9 退出这个子界面"<<endl;
    cout<<"请选择 1,2,3,4,5,6,9:";
    int choiceNum;cin>>choiceNum;
    return choiceNum;
}
void ScoreOperationForm::run()
{
    Score s[40];
    psm=new ScoreManager(s,40);

    bool returnFlag=false;
    while(!returnFlag)
    {

        switch(menu())
        {
            case 1:
            {
                psm->inputScore();
```

```
                printf("Press any key to continue…");
                getchar();
                break;
        }
        case 2:
        {
                psm->displayScore();
                printf("Press any key to continue…");
                getchar();
                break;
        }
        case 3:
        {
                cout<<"请输入要删除的序号";
                int no;cin>>no;
                psm->delScore(no);
                printf("Press any key to continue…");
                getchar();
                break;
        }
        case 4:
        {
                psm->sortScore();
                printf("Press any key to continue…");
                getchar();
                break;
        }
        case 5:
        {
                psm->saveScore();
                printf("Press any key to continue…");
                getchar();
                break;
        }
        case 6:
        {
                psm->loadScore();
                printf("Press any key to continue…");
                getchar();
                break;
        }
```

```
                    case 9:
                    {
                        returnFlag=true;
                        break;
                    }
                    default:break;
                }
            }
        }
```

④界面层的业务,分数管理器类——ScoreManager 类。

ScoreManager.h 文件,与上一章的 ScoreManager 相比,多了一个 TeacherLogic 类型的数据成员 fPTeacherLogic,这是为了与真正的中间层相连,而成员函数中的 saveScore 和 loadScore 里的代码要通过 fPTeacherLogic 操作数据,fPTeacherLogic 是真正的中间业务层。

ScoreManager.h 文件

```
# ifndef ScoreManager_h
# define ScoreManager_h
# include "Score.h"
# include "TeacherLogic.h"
# include <stdio.h>
class ScoreManager
{
  public:
    ScoreManager(Score *pS,int n);
    void inputScore();
    void displayScore();
    void delScore(int no);
    void sortScore();
    void saveScore();
    void loadScore();
  protected:
  private:
    Score *pS;
    int n;
    static num;
    TeacherLogic * fPTeacherLogic;
};
# endif
```

ScoreManager. cpp 文件

```cpp
void ScoreManager::saveScore()
{
    if (fPTeacherLogic==NULL)
    {
        fPTeacherLogic=new TeacherLogic;
    }
    ((TeacherLogic * )fPTeacherLogic)->saveScore(pS,num);
}


void ScoreManager::loadScore()
{
    if (fPTeacherLogic==NULL)
    {
        fPTeacherLogic=new TeacherLogic;
    }
    ((TeacherLogic * )fPTeacherLogic)->loadScore(pS,&num);
}

//只提供了 saveScore()和 loadScore(),其余代码同上章 ScoreManager 代码
```

⑤界面层学生主窗体类——StudentMainForm 类。

StudentMainForm. h 文件

```cpp
#ifndef StudentMainForm_h
#define StudentMainForm_h
#include "MainForm.h"
#include "StudentLogic.h"
class StudentMainForm:public MainForm
{
  public:
    StudentMainForm();
    void init();
    void run();
  protected:
  private:
    StudentLogic * fPStudentLogic;
};
#endif
```

StudentMainForm. cpp 文件

```cpp
# include "StudentMainForm. h"
# include <iostream. h>
# include "Score. h"
StudentMainForm::StudentMainForm()
{
    fPStudentLogic=NULL;
    init();
}
void StudentMainForm::init()
{
    cout<<"进入登录的是学生主窗体……"<<endl;
}

void StudentMainForm::run()
{
    if (!fPStudentLogic)
    {
        fPStudentLogic=new StudentLogic;
    }
    cout<<"请输入您的学号:";
    int n;cin>>n;
    Score temp=fPStudentLogic->Find(n);
    cout<<"学号 姓名 课程 分数"<<endl;
    cout<<temp. fNo<<" "<<temp. fName<<" ";
    cout<<temp. fCourse<<" "<<temp. fScore<<endl;
}
```

(2)业务层
①中间业务层类——UserLogic 类,教师/学生中间业务层的父类,提供共性查询方法。
UserLogic. h 文件

```cpp
# ifndef UserLogic_H
# define UserLogic_H
# include "Score. h"
# include "StudentDB. H"
class UserLogic
{
  public:
    UserLogic();
    Score Find(int n);
  protected:
};
# endif
```

UserLogic. cpp 文件

```cpp
#include "UserLogic.h"
#include "StudentDB.h"
#include "Score.h"
UserLogic::UserLogic()
{

}


Score UserLogic::Find(int n)//共性
{
    //任意返回一个 score 对象
    Score temp;
    return temp;
}
```

②中间业务层类——StudentLogic 类，其主要作用是提供查询功能。

StudentLogic. h 文件

```cpp
#include "Score.h"
#include "UserLogic.h"
#include "StudentDB.h"
class StudentLogic:public UserLogic
{
  public:
    StudentLogic();
    Score Find(int n);

  private:
    StudentDB * fPStudentDB;

};
```

StudentLogic. cpp 文件

```cpp
#include "StudentLogic.h"
#include "StudentDB.h"
#include "Score.h"
#include <fstream.h>
#include <string.h>
StudentLogic::StudentLogic()
{
    fPStudentDB=NULL;
}
```

```
Score StudentLogic::Find(int n)//共性
{
    //返回记录中不带姓名,为讨论方便,假设每人只有一条记录
    if (fPStudentDB==NULL)
    {
        fPStudentDB=new StudentDB;
    }
    fPStudentDB->connector();
    Score temp;
    while (fPStudentDB->inStream.read((char *)&temp,sizeof(Score)))
    {
        if (temp.fNo==n)
        {
            strcpy(temp.fName,"你自己");
            fPStudentDB->disconnector();
            return temp;
        }
    }
    fPStudentDB->disconnector();
    temp.fNo=0;
    strcpy(temp.fName,"无此人");
    temp.fCourse=0;
    temp.fScore=0;
    return temp;
}
```

③中间业务层类——TeacherLogic 类,其主要作用是提供保存、调入和查询功能。

TeacherLogic. h 文件

```
# include "Score.h"
# include "UserLogic.h"
# include "TeacherDB.h"
class TeacherLogic:public UserLogic
{
  public:
    TeacherLogic();
    void saveScore(Score *pS,int num);//个性
    void loadScore(Score *pS,int *pNum);//个性
    Score Find(int n);
  private:
    TeacherDB * fPTeacherDB;
};
```

TeacherLogic. cpp 文件

```cpp
#include "TeacherLogic.h"
#include "TeacherDB.h"
#include "Score.h"
#include <fstream.h>
#include <string.h>
TeacherLogic::TeacherLogic()
{
    fPTeacherDB=NULL;
}
void TeacherLogic::saveScore(Score *pS,int num)
{
    if(fPTeacherDB==NULL)
    {
        fPTeacherDB=new TeacherDB;
    }
    fPTeacherDB->connector();
    fPTeacherDB->outStream.write((char *)pS,sizeof(Score) * num);
    fPTeacherDB->disconnector();
}
void TeacherLogic::loadScore(Score *pS,int *pNum)
{
    if(fPTeacherDB==NULL)
    {
        fPTeacherDB=new TeacherDB;
    }
    fPTeacherDB->connector();
    while(fPTeacherDB->inStream.read((char *)&pS[ *pNum],sizeof(Score)))
    {
        *pNum= *pNum+1;
    }
    fPTeacherDB->disconnector();
}

Score TeacherLogic::Find(int n)//共性
{
    //返回记录中带姓名,为讨论方便,假设每人只有一条记录
    if(fPTeacherDB==NULL)
```

```
{
    fPTeacherDB=new TeacherDB;
}
fPTeacherDB->connector();
Score temp;
while (fPTeacherDB->inStream.read((char * )&temp,sizeof(Score)))
{
    if (temp.fNo==n)
    {
        fPTeacherDB->disconnector();
        return temp;
    }
}
fPTeacherDB->disconnector();
temp.fNo=0;
strcpy(temp.fName,"无此人");
temp.fCourse=0;
temp.fScore=0;
return temp;
}
```

（3）数据层

数据层类——UserDB/StudentDB/TeacherDB 类。见教材 12.6.3。

（4）主程序测试代码

```
# include "TeacherLogic.h"
# include "MainForm.h"
# include "TeacherMainForm.h"
# include "StudentMainForm.h"
# include <fstream.h>
int main()
{
    int type;
    cout<<"请输入类型,学生 0,教师 1:::";cin>>type;
    StudentMainForm *ps;
    TeacherMainForm *pt;
    if (type==0)
    {
        ps=new StudentMainForm;
        ps->run();
    }
```

```
        else
        {
            pt=new TeacherMainForm;
            pt->run();
        }
        return 0;
}
```

运行结果:

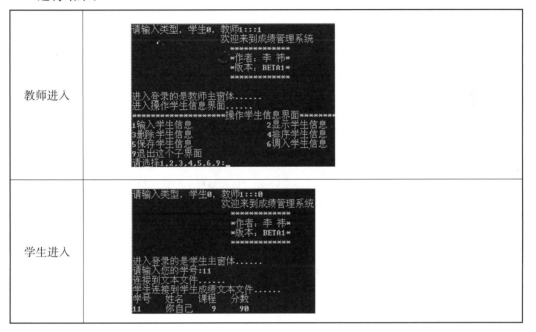

教师进入	
学生进入	

3. STL 深入认识

(1)STL 的结构

STL 主要包括 3 个方面:容器类模板、迭代器类模板、算法(函数)模板。容器主要用于存储同类数据,迭代器是指向各个元素的智能指针,算法是针对元素进行操作的一些通用代码,如排序,插入等。算法附着在迭代器上而不是容器上,这样做的目的是为了提高算法的通用性,当然,容器类本身也有一些自己的操作数据方法,可满足特殊需要。

(2)容器

①容器类型。C++里提供了各种各样的模板容器。它们各有用途,可以分成以下几种类型:

- vector:数据存储是动态数组,因此可以快速定位,插入删除均在尾部。
- deque:数据存储是动态数组,因此可以快速定位,插入删除均在两端。
- list:数据存储是链表,因此可以在任意位置快速插入和删除。
- stack:数据存储可以是数组也可以是链表,但插入删除在一端,先入后出。

- queue:数据存储可以是数组也可以是链表,但插入删除在两端,并且先入先出。
- priority_queue:数据存储可以是数组也可以是链表,但插入删除在两端,但插入的元素按优先级别提升。
- set/multiset:称为"集合容器",数据存储通常是链表,进入的数据是有序的。set 与 multiset 的区别是 set 不允许重复,而 multiset 允许重复。
- map/multimap:称为"映射容器",数据存储通常是链表,进入的数据是有序的,但进入的数据是键和键值,map 不允许重复,而 multimap 允许重复。

另外,basic_string 也是一个容器,它与 vector 类似,只是它的类型必须是字符,C++中常见的 string 类就是 basic_string<char>。

②容器的成员函数。每种容器类模板提供了一些成员函数。

vector 容器提供的部分成员函数如下:

```
T& front();                              //取容器里第一个元素
T& back();                               //取容器里最后一个元素
void push_back(const T&x)                //从尾部插入一个元素
T& operator[](size_type pos)             //取第 pos 位置上的元素
iterator begin()                         //得到指向容器第一个元素位置的迭代器
iterator end()                           //得到指向容器最后一个元素的下一个元素的迭代器
```

map 容器提供的部分成员函数如下:

```
iterator find(const Key& key);                   //通过键得到迭代器
T& operator[](const Key& key);                   //通过键插入键值
iterator insert(iterator it, const value_type& x);   //插入键-值对
```

例 1 建立 map 容器保存学生姓名和密码,输出所有学生信息,并能根据姓名查找相应的密码。

程序代码:

```cpp
#include <iostream>
#include <string>
#include <map>
using namespace std;
int main()
{
    map<string,int>studentInfo;
    studentInfo["liyi"]=123;       //"liyi"是键,123 是对应的键值
    studentInfo["wym"]=456;        //同上
    studentInfo["lxr"]=789;        //同上

    //输出所有的学生信息
    map<string,int>::iterator it;
```

```
for (it＝studentInfo.begin();it!＝studentInfo.end();it＋＋)
{
    cout＜＜it－＞first＜＜"　"＜＜it－＞second＜＜endl;
}

//查询某个人的密码
string name;
cout＜＜"请输入学生的姓名:";cin＞＞name;
it＝NULL;
if ((it＝studentInfo.find(name))＝＝NULL)
{
    cout＜＜"没有此人"＜＜endl;
}
else
{
    cout＜＜"此人的密码是:"＜＜it－＞second＜＜endl;
}
return 0;
}
```

运行结果:

```
liyi 123
lxr 789
wym 456
请输入学生的姓名:wym
此人的密码是:456
```

程序解释:

- 由于对[]进行了重载,所以键值对的赋值可通过"studentInfo["liyi"]＝123;"实现。
- map 的数据在通过迭代器访问时,按键排序,顺序是 liyi－＞lxr…
- map 容器的成员方法 find,其参数是"键",不同于通用算法 find。
- map 的迭代器 it 有两个域,first 代表键,second 代表值。
- map＜string,int＞表示容器的类型是"串－整数",当然容器的类型也可以是其他组合。

③容器里的元素类型需重载构造函数等。向容器添加元素,会产生拷贝(复制)和赋值动作,所以如果元素是一个自定义类的对象,就需要针对该类重新定义拷贝构造函数和重载赋值运算符。另外,进入到某些容器里的元素需要排序,所以应该根据某种规则对"小于"符号进行重载。

(3)迭代器

迭代器指向容器里的元素,用于访问容器中的元素,迭代器是附在相应的容器上,虽然迭代器的名字都统一为 iterator,但不同的容器上可以依附的迭代器的性质不尽相同。

①迭代器的种类。

- 输出迭代器(outit):提供对数据元素的只写操作。
- 输入迭代器(init):提供对数据元素的只读操作。
- 正向迭代器(fwdit):提供读写,并一次一个地向前移动。
- 双向迭代器(bidit):提供读写,并一次一个地前后移动。
- 随机迭代器(ranit):提供读写,并能够随机移动。

这些迭代器中,后面的迭代器功能强于前面迭代器,如双向迭代器和随机迭代器,都能通过"*""->""++""—""==""!="操作,但随机迭代器还可以进行"<"">""+""—"等其他操作,运算更加丰富。

②部分容器无法得到迭代器。部分容器无法得到迭代器,也就无法使用迭代器,这意味着这些容器的遍历只能通过容器自身的一些成员方法,这里列出部分容器支持的迭代器:

- vector:随机。
- deque:随机。
- list:双向。
- set/multiset:双向。
- map/multimap:双向。
- stack/queue/priority_queue:不支持。

例如,vector 与 list 的迭代器对元素访问的区别:

vector 及附带的迭代器

```cpp
#include <iostream>
#include <vector>
#include <algorithm>
#include <numeric>
#include <list>

using namespace std;

int main()
{
    vector <int> v;
    vector<int>::iterator it;int i;
    for (i=0;i<5;i++)
    v.push_back(i);

    //vector 容器,能使用[]操作元素
    for (i=0;i<v.size();i++)
    {
        cout<<v[i];//正
    }
```

```
    // it 是随机迭代器,可对!=操作
    for (it=v.begin();it!=v.end();it++)// 正
    {
        cout<< * it;
    }
    // it 是随机迭代器,能对<操作
    for (it=v.begin();it<v.end();it++)// 正
    {
    cout<< * it;
    }
    return 0;
}
```

list 及附带的迭代器

```
# include <iostream>
# include <vector>
# include <algorithm>
# include <numeric>
# include <list>

using namespace std;

int main()
{
    list<int> v;
    list<int>::iterator it;
    int i;
    for (i=0;i<5;i++)
    v.push_back(i);

    // list 容器,不能使用[]操作元素
    for (i=0;i<v.size();i++)
    {
        cout<<v[i];// 错
    }
    // it 是双向迭代器,可对!=操作
    for (it=v.begin();it!=v.end();it++)// 正
    {
    cout<< * it;
    }
```

```
//it 是双向迭代器,不能对<操作
for (it=v.begin();it<v.end();it++)//错
{
    cout<< * it;
}
return 0;
}
```

(4)算法模板

设置算法模板来操作容器里的元素可以提高算法的通用性。需要注意的是,算法是和迭代器连在一起的,而非和容器连在一起。

①算法格式。许多算法都需要两个迭代器参数表示运算的范围,比如说,排序就要求一个起点迭代器和一个终点迭代器。

另外,有些算法还需要提供一个"谓词"函数。"谓词"函数是指参数为容器元素而返回值是 bool 类型的函数。如果参数是一个容器元素就称为一元"谓词",用 Pred 来表达;如果参数是两个容器元素就称为二元"谓词",用 BinPred 来表达。例如,排序:void sort(Randit first,Randit last,BinPred less)指按条件 less 在某个范围内排序,这里第 3 个参数 BinPred less 中的 less 就是二元谓词,它表示的函数有两个参数,返回的结果是对这两个参数的大小判断,实际上就是对"<"进行的解释。

注意:调用这个 less 函数,只要写出 less 函数名即可,不需要填写相应的参数。

另外,还有一些算法需要一个操作函数或普通的函数对象(谓词函数是特殊的函数对象),其参数和返回类型由算法决定,通常在 STL 算法描述中用 Op 或 Fun 表示一元操作,用 Bin 或 BinFun 表示二元操作。

②常见算法分类。

· 调序算法:主要用于实现按某个约束改变容器中元素的顺序。如:sort、reverse、partition、rotate 等。

· 编辑算法:主要用于复制、替换、删除、合并、赋值等。如:copy、replace、remove、swap、fill、merge 等。

· 查找算法:主要用于在容器中查找元素,统计元素个数等。如:find、find_if、count、count_if、max_element、min_element、search 等。

· 算术算法:主要用于容器里元素的求和、求积、求差等。如:accumulate、partial_num、inner_product、adjacent_difference。

· 集合算法:首先肯定集合里的元素已经排序成功(即元素所在的类重载了<),然后可以求并集、交集、并集等。如:set_union、set_intersection、set_difference。

· 堆运算算法:主要用于实现堆存储的数据,堆算法在优先队列容器的构造和使用中用到。如:创建堆、弹出最小值、移入一个元素放置到合适位置等。如:make_heap、pop_heap、push_heap、sort_heap 等。

· 元素遍历操作算法:依次访问一定范围的容器里的元素,并对该元素指定某种运算。如:for_each。

12.3 思维训练题——自测练习

1. 简答题

(1)如何动态生成一个对象？又如何销毁这个对象？

(2)如果一个子类重写了父类的某一个方法,那么会发生什么后果？

(3)一个子类如何使用父类的构造函数？

(4)为什么会出现类模块？

(5)马与白马是什么关系？

(6)如何采用公用继承,子类能够访问父类的哪些成员？

(7)两个同类型对象之间能否赋值？

(8)一个出租车类,一个火车类,请分析它们的共性方法和个性方法。

(9)代码 Student::Student(){fNo=0;}与 Student::Student():Person(){fNo=0;}有区别吗？

(10)简述 STL 的含义。

2. 选择题

(1)下面对于动态产生对象的描述,正确的是(　　)。

　　(A)使用 new 产生对象,自动调用构造函数

　　(B)new 出对象,可通过 delete 删除

　　(C)new 出对象数组,可调用任意构造函数

　　(D)new 出对象数组,自动调用无参构造

(2)父类与子类的关系描述,正确的是(　　)。

　　(A)子类可看成父类的子集　　　　(B)子类可看成父类的具体化

　　(C)子类是父类的抽象　　　　　　(D)父类数据全部传给子类

(3)公用继承下,下面关于子类的描述正确的是(　　)。

　　(A)父类私有成员,子类不能直接访问　(B)父类外部成员,子类能直接访问

　　(C)父类保护成员,子类能直接访问　　(D)子类肯定会自动调用父类构造函数

(4)产生子类的最大好处(　　)。

　　(A)提高代码的复用　　　　　　(B)便于数据的封装

　　(C)便于数据的隐藏　　　　　　(D)为了关联两个对象

(5)按教材中定义的 Person 类结构,下面代码正确的是(　　)。

　　(A)定义一个对象,如 Person p;

　　(B)定义一个对象数组,如 Person p[10];

　　(C)定义对象数组,如 Person p[10] (1,"liyi");

　　(D)定义一个对象,如 Person p(1,"liyi");

(6)公用继承后,子类对象可访问父类的(　　)成员。

　　(A)公用成员　　(B)保护成员　　(C)私有成员　　　　(D)所有成员

(7)类 A 中定义了整型数据成员 i,则下面提供的构造函数(　　)是正确的。

(A)A:A(int i):i(i){}　　　　　　　　　(B)A(int i):i(i),i(i){}

(C)A:A(int i){i=9;}　　　　　　　　　(D)A:A(int i){;}

(8)在子类中调用父类 Person 的同名方法 display(),下面语句(　　)是正确的。

(A)Person::display();　　　　　　　　(B)Person->display();

(C)Person.display();　　　　　　　　　(D)Person().display();

(9)父类所有数据成员总长度是8,子类新增数据成员长度是4,则子类对象长度是(　　)。

(A)8　　　　　　　(B)4　　　　　　　(C)12　　　　　　　(D)不定

(10)在命名空间 ns1 里定义了类 A(其中有成员函数 int getMax(int a,int b),以及全局函数 int getMax(),下面(　　)写法是正确的。

(A)ns1::A a;cout<<a.getMax();　　　(B)cout<<ns1::getMax(3,4);

(C)<ns1> A a;cout<<a.getMax();　　(D)cout<<<ns1>getMax(3,4);

3.判断题

(1)C++中的继承既可以有单继承,也可以有多继承。 (　　)

(2)子类可以访问父类的私有数据成员。 (　　)

(3)子类对象可以访问父类的公用成员。 (　　)

(4)父类的析构函数被子类的析构函数自动调用。 (　　)

(5)定义父类指针指向子类对象,可以使用子类定义的新成员的方法。 (　　)

(6)类中数据成员是对象、对象引用、常数据成员,初始化位置在初始化列表处。 (　　)

(7)标准模板库,简称 STL,包括容器模板、迭代器模板、算法模板。 (　　)

(8)在继承中,总是将共性特征写在父类里,而将个性特征写在子类里。 (　　)

(9)一个完善的系统,通常设计成三层结构,即界面层、逻辑层、数据层。 (　　)

(10)以下定义了两个类,代码是否正确。 (　　)

```
class A{public:A(int i=0){this->i=i;}private:int i;};
class B{private:A a;};
```

4.读程序写结果

(1)父类、子类及测试代码如下,写出运行结果。

父类定义	子类定义

``cpp
class Base
{
public:
    void display()
    {
        cout<<"调用 Parent 的 display 方法\n";
    }
private:
    int x;
    int y;
};
``
	``cpp
	class Client:public Base
	{
	    public:
	        void display()
	        {
	            cout<<"调用 Client 的 display 方法\n";
	        }
	    private:
	        //这里没有定义新的数据成员
	};
	``

测试代码如下:

```
int main()
{
    Base b, *pB;Client c;
    pB=&b;
    pB—>display();
    pB=&c;
    pB—>display();
}
```

(2)根据下面程序,选择其中任意一个作为构造函数,写出运行结果。

```
#include <iostream.h>
class A
{
  public:
    A(int i=0){this—>i=i;}
    void display(){cout<<i;}
  private:
    int i;
};
class B:public A
{
  public:
    //请选择 1,2 中任意一个作为构造函数
    B(int i=10,int j=10):A(i),a(j){}//1 方式
    B(int i=10,int j=10):A(i){}//2 方式
    void display(){A::display();a.display();}
  private:
    A a;
};
int main()
{
    B b1,b2(3,4);
    b1.display();//10,0
    b2.display();//3,0
}
```

5. 编程题 (同型基础)

仿照教材 12.3.1,根据已经定义的 Person 类建立子类 Teacher,增加新的数据成员"工号",并增加相应的成员函数。

12.4　思维训练题——答辩练习

6.编程题(变式答辩)

建立一个点类 Point。

　数据成员:fX,fY,

　成员方法:

　Point ();

　Point (int x,int y);

　void setFX(int x);

　void setFY(int y);

　void display();

根据 Point 建立子类——圆类 Circle。

　数据成员:fR

　成员方法:

　Circle ();

　Circle (int x,int y,int r);

　void setFR(int r);

　void display ();

建立一个主程序,根据圆类生成对象,设置其中的数据,并显示出来。

[类图结构]

[程序代码]

[问题罗列]

12.5　思维训练题——阅读提高

7.编程题(提高中级)

根据关联、分层和继承的思想,重新设计出界面类、业务类、数据类,完成"登录系统"(学生和教师)的设计,并编写主程序验证设计是否正确。

［类图结构］

［程序代码］

［问题罗列］

12.6 上机实验

［实验题目］

用三层结构和关联思想实现"学生成绩管理"系统，界面如下：

欢迎进入学生成绩（分数）管理系统

1 数据录入　　2 数据显示

3 数据删除　　4 数据排序

5 数据保存　　6 数据调入

7 退出系统

请选择功能号(1,2,3,4,5,6,7)

［实验要求］

①要求设置三层：界面层、业务层、数据层。界面层负责窗口信息的提示，业务层负责与后台数据的交换，数据层负责与具体的文件相连。

②教师主界面作为主界面的子类，将一些共同特性置于主界面层以便于扩展。

③主界面层关联分数操作界面，而分数操作界面关联到分数管理器，即 ScoreManager。

④数据层使用流对象关联到具体的文件。

[实验提示]

类图结构如下:

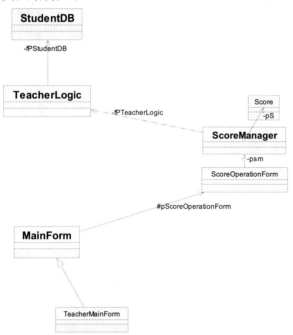

以上是分层设计的类图结构。凡是有关联的类,都在本类中设置另一个类的对象作为数据成员。

例如,由于分数操作界面类 ScoreOperationForm 与分数管理器类 ScoreManager 之间存在关联关系,故应将 ScoreManager 对象作为 ScoreOperationForm 的数据成员。如下面代码中数据成员 psm:

```cpp
class ScoreOperationForm
{
  public:
    ScoreOperationForm();
    void enterMenu();
    int menu();
  protected:
  private:
    ScoreManager *psm;
};
```

在相应的成员方法 enterMenu 中,可以动态生成 psm:

```cpp
void ScoreOperationForm::enterMenu()
{
    Score s[40];
    psm=new ScoreManager(s,40);
    ...
}
```

[实验思考]

①本系统中数据层中的数据集对象指什么？

②数据集对象对数据的读取发生在哪一层？

③类 TeacherMainForm 与 MainForm 之间是什么关系？

④类 ScoreManager 与 TeacherLogic 之间是什么关系？

⑤类 ScoreManager 与 TeacherLogic 之间的关系同类 ScoreManager 与 Score 之间的关系有什么不同？

多 态 转 型

13.1 目 标 与 要 求

➤ 理解、掌握多态的概念。

➤ 掌握多态的简单使用方法。

➤ 初步理解面向对象分析设计中的抽象思路。

13.2 解 释 与 扩 展

1. 向下转型的新方式*

（1）dynamic_cast 方式

dynamic_cast＜type-id＞（expression）运算符把 expression 转换成 type-id 类型的对象，type-id 必须是类的指针、类的引用或者 void＊，不支持内置数据类型。如果 type-id 是类指针类型，那么 expression 也必须是一个指针；如果 type-id 是一个引用，那么 expression 也必须是一个引用。dynamic_cast 主要用于类层次间的向上转型和向下转型，当然主要还是向下转。例如教材中提到的说话程序，如果是中国人就握手，如果是美国人就拥抱，代码如下：

```
AmericanPerson *pA=dynamic_cast<AmericanPerson * >(p);
if (pA)
{
    pA->embrace();
}
ChinesePerson *pC=dynamic_cast<ChinesePerson * >(p);
if (pC)
{
    pC->handshake();
}
```

从上面的代码中，可以看到 dynamic_cast 将一个父类转成了一个基类，这种转换是安全的，如果上面实际遇到的是美国人，那么代码中的 pA 是一个有效的地址，而 pC 为空（NULL），这样每类人都可以自行其是。

必须要说明的是这种转化方式，必须要求父类有虚函数，如果没有虚函数这种方法就不能够进行。

（2）static_cast 方式

static_cast ＜ type-id ＞（ expression）运算符把 expression 转换为 type-id 类型，但没有

运行类型检查来保证转换的安全性。

```
ChinesePerson *pC=static_cast<ChinesePerson * >(p);
if (pC)
{
    pC->handshake();
}
AmericanPerson *pA=static_cast<AmericanPerson * >(p);
if (pA)
{
    pA->embrace();
}
```

上面的代码,如果是中国人,那么两次转换都有效,即 pC 和 pA 都是有效的,结果是既有中国人的握手,也有美国人的拥抱,这显然不符合要求,所以这种转化是不安全的。

2.案例分析

(1)问题描述

建立一个几何形状 Shape 类,并设计成抽象类,类中无数据成员,只有纯虚函数 getArea()求面积,getLen()求周长,display()显示类中数据的信息。

建立三角形子类 Tri 类:属性是三边的边长,接口成员有:构造函数 Tri();重载的构造函数 Tri(float a,float b,float c);getArea()求面积,getLen()求周长,display() 显示基本数据成员,setSides(float a,float b,float c)设置三边。

建立长方形子类:属性有长和宽。接口成员有:构造函数 Rect();重载的构造函数 Rect(float height,float width);getArea()求面积,getLen()求周长,display() 显示基本数据成员,setSides(float height,float width)设置两边。

在主程序中动态创建一个三角形对象和一个长方形对象,并赋予父类接口,然后通过多态的方法得到动态产生对象的周长和面积。

(2)类图结构

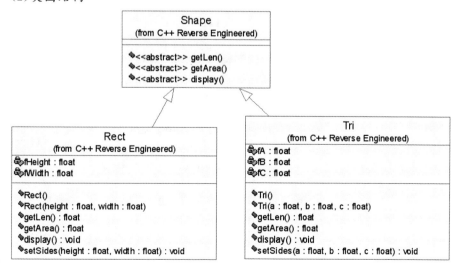

(3)各类代码

Shape. h	Shape. cpp

#ifndef Shape_h
#define Shape_hc
lass Shape
{
  public：
    virtual float getLen()=0；
    virtual float getArea()=0；
    virtual void display()=0；
  protected：
  private：
}；
#endif
	#include"Shape. h"

Rect. h	Rect. cpp

#ifndef Rect_h
#define Rect_h
#include "Shape. h"
class Rect：public Shape
{
  public：
    Rect()；
    Rect(float height,float width)；
    float getLen()；
    float getArea()；
    void display()；
    void setSides(float height,float width)；
  protected：
  private：
    float fHeight；
    float fWidth；
}；
#endif
	#include "Rect. h"
	#include <iostream. h>
	Rect::Rect()
	{
	    fHeight=fWidth=0；
	}
	Rect::Rect(float height,float width)
	{
	    fHeight=height；
	    fWidth=width；
	}
	void Rect::setSides(float height,float width)
	{
	    fHeight=height；
	    fWidth=width；
	}
	float Rect::getLen()
	{
	    return (fHeight+fWidth)*2；
	}
	float Rect::getArea()
	{
	    return fHeight*fWidth；
	}
	void Rect::display()
	{
	    cout<<fHeight<<fWidth<<endl；
	}

Tri. h	Tri. cpp

``cpp
#ifndef Tri_h
#define Tri_h
#include "Shape.h"
#include <iostream.h>
class Tri:public Shape
{
  public:
    Tri();Tri(float a,float b,float c);
    float getLen();
    float getArea();
    void display();
    void setSides(float a,float b,float c);
  protected:
  private:
    float fA;
    float fB;
    float fC;
};
#endif
``
	``cpp
	#include "Tri.h"
	#include "iostream.h"
	Tri::Tri()
	{
	    fA=fB=fC=0;
	}
	Tri::Tri(float a,float b,float c)
	{
	    fA=a;
	    fB=b;
	    fC=c;
	}
	void Tri::setSides(float a,float b,float c)
	{
	    fA=a;
	    fB=b;
	    fC=c;
	}
	float Tri::getLen()
	{
	    return (fA+fB+fC);
	}
	float Tri::getArea()
	{
	    return 100;
	}
	void Tri::display()
	{
	    cout<< fA<<fB<<fC<<endl;
	}
	``

(4)测试主模板

```cpp
#include "Tri.h"
#include "Rect.h"
#include "Shape.h"
#include <iostream.h>
#include <typeinfo.h>
int main()
{
    Shape *p;
    p=new Tri(3,4,5);
    cout<<"三角形周长:"<<p->getLen()<<endl;
    cout<<"三角形面积:"<<p->getArea()<<endl;
```

```
if (typeid( *p)==typeid(Tri))
{

    ((Tri * )p)->setSides(4,5,6);

}
cout<<"调整后三角形周长:"<<p->getLen()<<endl;
cout<<"调整后三角形面积:"<<p->getArea()<<endl;
return 0;

}
```

13.3 思维训练题——自测练习

1. 简答题

(1)什么是多态?

(2)多态和继承有什么关系?

(3)向上转型和向下转型分别指什么?

(4)向下转型的前提条件是什么?

(5)抽象类和实现类的含义分别是什么?

(6)在C++中能不能将所有成员函数设为虚函数?

(7)多态使用的步骤是什么?

(8)虚参数表是什么?

(9)聚组关系替代继承有什么好处?

(10)在"成绩管理系统"中如何应用多态技术?

2. 选择题

(1)关于向上转型,下面说法正确的是(   )。

    (A)向上转型,即子对象赋值给父对象   (B)向上转型,即父对象赋值给子对象

    (C)向上转型,即子指针赋值给父指针   (D)向上转型,即父指针赋值给子指针

(2)根据教材13.4类图,定义"Person *p＝new ChinesePerson;",产生一个中国人,然后使用其个性方法握手,即 p->handshake(),程序的运行结果是(   )。

    (A)编译出错,不能运行   (B)以美国人方式握手

    (C)以中国人方式握手   (D)以人类方式握手

(3)根据教材13.4类图,定义"Person *p＝new ChinesePerson;",产生一个中国人,然后强制转为美国人后拥抱,即((American *)p)->embrace(),程序的运行结果是(   )。

    (A)编译出错,不能运行   (B)以中国人方式拥抱

    (C)以美国人方式拥抱,但存在风险   (D)以日本人方式拥抱,但存在风险

(4)关于动态编译的描述,正确的是(   )。

    (A)函数指定在编译时确定   (B)函数指定在运行时确定

    (C)动态编译必须设置虚函数   (D)动态编译要求虚函数必须公用

(5)关于虚函数的描述,不正确的是(   )。

    (A)父类设虚,子类同名函数肯定为虚   (B)虚函数是多态的前提

    (C)有虚函数的类,不一定是抽象类   (D)静态成员函数可设计为虚函数

(6)关于虚函数的描述,正确的是(   )。

    (A)所有成员函数都可以设置为虚函数   (B)友元函数不能成为虚函数

    (C)不是所有函数都可设成虚函数   (D)虚函数前要加 virtual

(7)下面对类 Test 中成员函数设虚,正确的表达语句是(   )。

```
class Test
{
    virtual a();            //A
    void b() virtual;       //B
    void virtual c();       //C
    static void virtual d(); //D
};
```

(8)定义父、子类如下,根据类的定义产生对象,运行后结果是(   )。

```
class Shape{public:void display(){cout<<"shape";}};
class Point:public Shape{void display(){cout<<"point";}};
int main(){Shape *ps=new Point;ps->display();}//结果?
```

    (A)shape   (B)point

    (C)程序出错   (D)shape point

(9)定义父、子类如下,并根据类的定义产生对象,运行后结果是(   )。

```
class Shape{public:void display(){cout<<"shape";}};
class Point:public Shape{virtual void display(){cout<<"point";}};
int main(){Shape *ps=new Point;ps->display();}//结果?
```

    (A)shape   (B)point

    (C)程序出错   (D)shape point

(10)下面定义的类(   )是合法的。

    (A)class XXX{};   (B)class XXX{virtual void xxx()};

    (C)class XXX{void xxx()=0};   (D)class XXX{virtual void XXX()};

3.判断题

(1)构造函数不能是虚函数,而析构函数常常设置成虚函数。   (   )

(2)父类指针(或引用)强制转为子类指针(或引用),可能不安全。   (   )

(3)语句"abstract void draw() const=0;",表示此函数是纯虚函数,此类是抽象类。   (   )

(4)父类与子类同名的函数,在技术上称为"多态"。   (   )

(5)带有虚函数的类定义的不同对象,对象空间首个空间保存的地址相同。   (   )

(6)抽象类不能定义对象。   (   )

(7)带有虚函数的类产生的对象,对象空间的头部是一个指针。 ( )

(8)虚函数的绑定是程序运行时的动态绑定。 ( )

(9)向下转型的目的是为了使用子类的个性方法。 ( )

(10)在父子关系中,通常将共性方法设虚。 ( )

4. 根据下面类图,分析主程序的错误

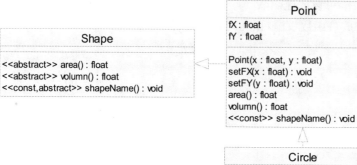

主模块测试代码如下:

```cpp
int main()
{
    Point p(2,4), *pp;
    Circle c(2,3,4), *pc;
    pc=&p;
    pp=&c;
    pp->disp();
}
```

5. 读程序写结果

父类定义	子类定义

``cpp
class Base
{
  public:
    virtual void display()
    {
        cout<<"调用 Parent 的 display 方法\n";
    }
  private:
    int x;
    int y;
};
``
	``cpp
	class Client:public Base
	{
	  public:
	    void display()
	    {
	        cout<<"调用 Client 的 display 方法\n";
	    }
	  private:
	    //这里没有定义新的数据成员
	};
	``

测试代码如下：

```
int main()
{

    Base b, *pB;Client c;

    pB=&b;

    pB->display();

    pB=&c;

    pB->display();

}
```

6.编程题（同型基础）

仿照教材 12.3.1，根据已经定义 Person 类建立子类 Teacher，增加新的数据成员"工号"，并增加相应成员函数。注意，将共性函数设置为虚函数，并在主模块测试多态使用。

［类图结构］

［程序代码］

［问题罗列］

13.4　思 维 训 练 题——答 辩 练 习

7.编程题（变式答辩）

建立一个抽象图形类 Shape，包括面积抽象接口 virtual float area()，体积抽象接口 virtual float vol()，根据 Shape 类定义长方形子类 Rec 和圆子类 Circle，并实现 Shape 定义的两个接口，在主程序里进行测试。

［类图结构］

［程序代码］

[问题罗列]

13.5 思维训练题——阅读提高

8.阅读题(提高中级)

根据给定的程序写出运行结果。

```cpp
# include <iostream>
using namespace std;

class A
{
  public:
    virtual void f(){cout<<"A.f()"<<endl;}
    void g(){cout<<"A.g()"<<endl;}
    void h() {this->f(); this->g();}
};

class B :public A
{
  public:
    void f(){cout<<"b.f()"<<endl;}
    void g(){cout<<"b.g()"<<endl;}
};
int main()
{
    B b;
    b.h();
    return 0;
}
```

程序运行结果:

9.综合题(提高高级)

对第12章"学生登录"进行改编,加入"学生成绩管理系统",要求使用多态技术,并进行测试。

［类图结构］

［程序代码］

［问题罗列］

13.6 上机实验

［实验题目］

用三层结构和关联思想实现"学生成绩管理"系统(可满足教师用户和学生用户的不同要求),主要界面如下:

①界面一:身份选择界面。

请选择你的身份(教师 0,学生 1):

②界面二:教师界面。

欢迎进入学生成绩(分数)管理系统

1 数据录入　　2 数据显示

3 数据删除　　4 数据排序

5 数据保存　　6 数据调入

7 退出系统

请选择功能号(1,2,3,4,5,6,7)

③界面三:学生界面。

请输入您的学号:1

您的分数信息是:

学号	姓名	课程号	分数
1	李祎	1	90
1	李祎	2	92

［实验要求］

①要求设置三层:界面层、业务层、数据层。界面层负责窗口信息的提示,业务层负责和后台数据的交换,数据层负责和具体的文件相连。主界面与业务层关联,业务层与数据层关联。

②学生主界面和教师主界面作为主界面的子类,将一些共同特性置于主界面层。

③教师业务类和学生业务类作为业务类的子类,业务类里不设置接口,只设置一个关联到数据层的数据成员,具体的业务处理分别放在教师业务类和学生业务类里,故从界面发出的请求(请求的是业务类)必须通过向下转型方可使用具体的业务,如学生的查询分数、教师的保存分数和调入分数。

④数据层使用流对象关联到具体的文件。

[实验提示]

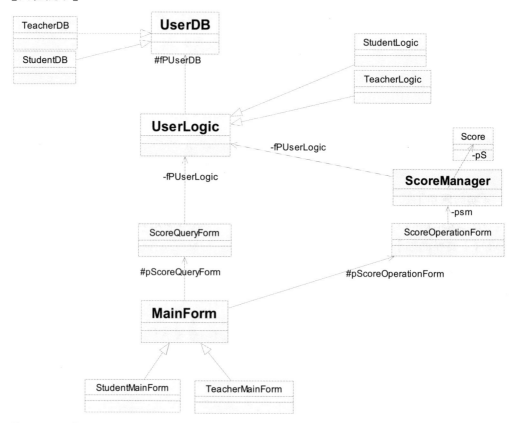

[实验思考]

①本系统中学生主界面如何访问到学生分数文件中的数据?

②本系统类图结构中的类分别属于三层中的哪一层?

③本系统中多态是如何使用的?

单元总结与自检测试

单元 1　模型模块、数据类型总结与自检测试

模型模块、数据类型总结

一、一个思想

面向过程编程思想:自顶而下、逐步求精、模块设计、结构编程。

二、二个模型

模块、模型设计是编程思想的具体执行规则,其中,模块设计体现具体问题单元的解决步骤,模型设计是从整体上考虑模块归属关系和关联关系。

三、三个部分

主模块、自定义模块、自定义模块的声明是程序的 3 个部分。通常将这 3 个部分分别写在 3 个文件中,以便于调试与分工合作。

四、四个步骤

对每个具体问题,单元解决按解决简单问题的 4 个步骤展开,即:模块功能、输入输出、解题思路、算法步骤。

五、模块结构

返回类型 模块名(参数 1 类型 参数 1,参数 2 类型 参数 2,…)
{
　　　定义语句部分
　　　执行语句部分
}

六、模块的特性

1.封闭性。
两个模块是两个不同的世界。其中的变量生存期和作用域均在其内部。

2.传递性。

两个世界的联系只能是通过"抛接"动作完成。

七、基本的数据类型

1.基本的数据类型。

高级数据类型反映的是内因,表达数据值的特征,具体可分为:整数型、小数型、字符型、布尔型。

2.高级数据类型。

低级数据类型反映的是外因,表达存贮的特征,具体可分为:指针型、引用型、空类型。

八、基本类型数据的传递

1.抛送数据主要类型。

①抛数;②抛地址:将变量的地址(钥匙)抛过去,另一个模块接到地址之后,就可以按图索骥,用间接方式更改本模块的变量值。

2.改变调用模块某变量值。

改变调用模块某变量值主要有 2 种方法:通过 return 返回数据并赋值给调用模块中某变量方法;向被调用模块抛调用模块中变量地址方式。

例 1 输入两个整型数,和一个"+"或者"-"号,求出最后的结果。

方法一,用抛变量的数值和返回数值的方式解决。

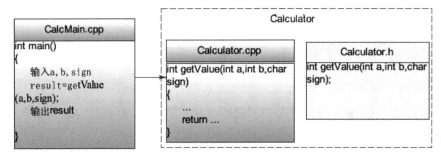

主模块:

```
int main()
{
    int a,b;char sign;int result;
    result=getValue(a,b,sign);//方法一,抛数
    cout<<result;
    return 0;
}
```

方法二,用抛变量的地址方式解决。

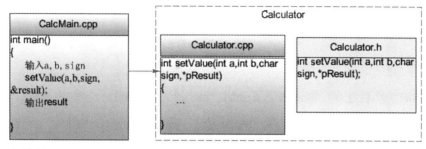

主模块:

```
int main()
{
    int a,b;char sign;int result;
    setValue(a,b,sign,&result); //方法二,抛地址
    cout<<result;
    return 0;
}
```

九、命名原则

1.总体原则。

文件名、模块名、变量名,除必须符合标识符的合法规则外(教材3.4),还需见名知义,并遵循一定的规范。

2.文件名的命名规则。

一般用名词或名词性词组,所有单词首字母大写。

本书对文件名有统一的要求:主模块所在的文件名为"目标+Main. cpp";自定义模块所在的文件名为"归属.cpp";自定义模块的声明文件名为"归属. h"。如"成绩管理系统"程序,可以设计以下几个文件:ScoreManagerSysMain. cpp, ScoreManager. cpp, ScoreManager. h。

3.模块名的命名规则。

一般用动词或动词性词组,所有单词首字母小写。

模块名表达模块的作用。如"成绩管理系统"程序,针对分数的操作包括输入分数、删除分数模块等,分别可命名为 inputScore、delScore 等。

4.变量名的命名规则。

变量名的命名规则与模块名的相同,但有时为区分变量类型、作用域、生存期等,可在命名时附加一些特征信息。

十、运算符号

C/C++运算符种类繁多,不同运算符结合要考虑:优先级、结合性、顺序性。

模型模块、数据类型自检测试

一、选择题(20分,每小题2分)

1. 一个double型小数在VC编译环境下分配( )个字节空间。
   (A)1 　　　　　(B)2 　　　　　(C)3 　　　　　(D)4

2. 源码文件的后缀名为( )。
   (A)cpp 　　　　(B)exe 　　　　(C)obj 　　　　(D)lnk

3. 字符′b′和′B′的ASCII码分别是( )。
   (A)97 65 　　　(B)98 66 　　　(C)65 97 　　　(D)66 98

4. 在VC调试环境下,按以下( )键能够单步调试程序。
   (A)F10 　　　　(B)F5 　　　　(C)F7 　　　　(D)Ctrl+F7

5. 以下( )是C/C++合法的自定义标识符。
   (A)exit 　　　　(B)3test 　　　(C)if 　　　　(D)x * y

6. 源码文件Test. cpp经编译产生的目标文件是( )。
   (A)Test. bak 　　(B)Test. exe 　(C)Test. exe 　(D)Test. obj

7. 已知:int a=5,b=5;float x=7.0,y=3.5;则表达式int(a/2+y+b)+x的值是( )。
   (A)17 　　　　(B)16.5 　　　(C)15 　　　　(D)15.5

8. 以下叙述正确的是( )。
   (A)C/C++源程序可以由一个或多个函数组成
   (B)C/C++源程序可以有多个main函数
   (C)C/C++源码程序的基本组成单元是文件
   (D)C/C++程序的注释只能位于一条语句的末尾

9. 代码"char c=′a′,cout<<c+1"的运行结果是( )。
   (A)a 　　　　　(B)98 　　　　(C)b 　　　　　(D)未知

10. 以下哪种方式表示一个换行( )。
    (A)′/n′ 　　　　(B)′\n′ 　　　(C)′n′ 　　　　(D)′011′

二、判断题(10分,每小题2分)

1. 变量要先定义,后使用,不能够不定义就使用。 （　　）

2. 定义一个变量时,系统立即分配一个固定的空间交给这个变量使用,但这个空间里的值是随机的。程序中可改变空间里的值,但不能够改变这个空间的位置。 （　　）

3. 程序编译的目的是为了生成二进制代码,连接的目的是为了将不同的二进制文件连接起来而组成一个可用的可执行文件。 （　　）

4. "int a,int *pA=&a;",其中的 * 并不是指针运算符,而是定义指针变量的标记符。
　　　　　　　　　　　　　　　　　　　　　　　　　　　　　　　　（　　）

5. ′a′与"a"基本上没有区别。 （　　）

6.不同类型的指针变量之间有一个明显的区别:每种类型的指针变量在移动的时候跨度不同,如整数指针变量,移动的时候就是 4 个字节,而字符指针变量,移动的时候就是 1 个字节,所以不同指针变量不能直接相互赋值。　　　　　　　　　　　　　　　　(　　)

7.无论采用单文件方案,还是多文件方案进行编程,程序都需要 3 个部分,即主模块部分、自定义模块部分、自定义模块的声明部分。　　　　　　　　　　　　　(　　)

8.可用间接方式赋值,如"int *p; *p＝3;"。　　　　　　　　　　　　　　　(　　)

9.取得某个变量的固定地址,需要使用取地址符 &。　　　　　　　　　　　(　　)

10.局部变量的生存期和作用域在定义模块内部,可使用关键字 static 扩展其生存期,但其作用区域仍然在模块内部,只有进入该模块才能使用。　　　　　　　(　　)

三、简答题(10 分,每小题 5 分)

1.调用另外一个模块改变本模块中某变量的值,有哪几种方法?

2.描述将一个变量的地址传递到另一个模块的一般操作步骤(三步曲)。

四、画图题(10 分,每小题 5 分)

1.画出模块图并写出相应表达式:根据半径和高度(小数),求出圆柱体积。

2.画出模块图并写出相应表达式,根据一元二次方程的 3 个系数(整数),求出方程的两根,并根据情况返回 0 或 1(假定方程有实根,不同实根返回 1,相同实根返回 0)。

五、改错题(10 分,每个错误码改正正确得 1 分)

主模块所在文件 swapMain. cpp	swap 模块所在文件 Int. cpp

＃ include ＜iostream. h＞;
 ＃ include ˝Int. h˝
 int mian()
 {
 　　int a;b;
 	
 　　sort(a,b);
 　　cout＜＜a,b;
 　　return 0;
 }
	void swap(int *pA,int *pB)
	 {
	 　　int * temp;
	 　　temp＝ *pA; *pA＝ *pB; *pB＝temp;
	 }

请指出代码中的 10 个错误或不规范之处,并改正	swap 模块声明文件 Int. h
	void swap(int *pA, int *pB)

六、编程题(40分,第1、2题各5分,第3题20分,第4题10分)

1.编写模块:根据三角形的三边(整数)求这个三角形的面积(假定给定的三边可构成三角形)。

2.编写模块:根据给定的华氏温度(小数),得到摄氏温度(转化公式 c=5*(f−32)/9)。

3.编写程序:使用 return 方式求两个整数的最大数和最小数(要求程序包含主模块和 2 个自定义模块,其中自定义模块用 get 方式取名)。

4.编写程序:使用传递指针方式求两个整数的最大数和最小数(要求程序包含主模块和 1 个自定义模块,其中自定义模块用 set 方式取名)。

单元 2　结构编程总结与自检测试

结构编程总结

一、结构编程含义

"结构编程"的宗旨是不随意跳转,一个程序单元需保证只能有一个入口和一个出口。3种结构单元指:顺序、选择、循环。

二、顺序结构

顺序结构指从上至下依次执行的顺序,通常情况下,处理问题的顺序分 3 个阶段:数据输入、输出处理、数据输出。其中,数据输入、数据输出可分为模块间和模块内部两种。

1.模块之间的输入与输出。

模块是完成一定功能的黑箱子,大多数情况下,都要先告之一些信息,再返回信息。告之的信息称"输入信息",返回的信息称"输出信息"。模块间数据传递使用克隆原理。如下图所示:

```
  a, b      ┌─────────┐   返回a, b中的最大值
 ─────────▶ │ getMax  │ ──────────────────────▶
            └─────────┘
```

2.模块内部的输入与输出。

(1)交互式输入与输出。

模块内部的输入输出指从键盘(或从文件)临时输入一些数据,将数据输出到显示器上显示(或保存至文件)。

①输入:

```
int a;cin>>a;                              //C++语法,通过 cin 从键盘上输入整数
int a;scanf("%d",&a);                      //通过 scanf 从键盘上输入整数
int day;float price;fscanf(pF,"%d %f",&day,&price); //从文件里读入天数和价格
char c=getchar();                          //通过 getchar 从键盘输入一个字符
```

②输出:

```
int a=3;cout<<a;          //C++语法,通过 cout 向显示器输出整数
int a=3;printf("%d",a);   //通过 printf 向显示器输出整数
float price; fprintf(pF,"%f",price); //向指定的文件里写出一个价格数据
char c='a';putchar(c);    //通过 putchar 向显示器输出一个字符
```

(2)赋值与克隆(拷贝)*。

赋值和克隆两种技术有本质区别。

赋值的前提是两个变量都已经存在;而克隆是根据一个已经存在的变量(或数据)来定义另外一个变量,在定义过程中将数据传值过去,即克隆一定是在定义时发生的。

形式上,赋值在语句体的执行部分:

```
int a,b;
a=3;//赋值,将3赋值给变量a
b=a;//赋值,将a赋值给变量b
```

而克隆在语句体的定义部分:

```
int a=3;//a定义时初始化,即克隆
int b(a);//b定义时初始化,即克隆,也可写成 int b=a
```

不管赋值或克隆,都是值的传递。对于简单的数据类型而言,赋值或克隆前后的两个变量是独立的,而对于复杂的数据类型,赋值或克隆前后的两个变量可能产生耦合。

三、选择结构

1.选择语句的使用环境。

在单纯环境下,使用单选;在矛盾环境下,使用二选一;在对立环境下,使用多选一。

2.选择语句的三种表达方式。

- if
- if…else
- if…else if…else 或者 switch case

四、循环结构

1.循环三要素。

- 初始值
- 循环条件
- 循环变量的改变

2.循环语句的三种表达语句。

- while
- do…while
- for

3.循环问题解决的关键。

找到规律是解决循环问题的关键。例如,求数列的和或其中某项的值,关键问题是找到循环求解过程中的下一项规律,这个规律可通过项值与项数的关系得到,也可通过前项与后项的关系得到。

4.递推与递归。

由因导果是递推,由果索因是递归。递推、递归都必须有两个条件:起始值和前后关系。

五、多人合作编写程序的思路

编写较复杂的程序可借助模型图分析。对任何一个较复杂的模块,都可在分析过程中拆解出多个小模块,将多个小模块分类归属,并将相应的清单文件分派给相应的程序员,程

序员单独编写归属文件并编译,最后组装。当然,程序员也可视任务大小再次转包,形成层层负责机制。

六、典型问题

1. 根据给定的考试成绩判断其所属等级(要求使用 if 语句和 switch 语句两种方法)。

2. 给定一个年份,判断其是否为闰年。

变式题:给定年份范围,将所有闰年显示出来。

3. 求 $1 \times 2 \times 3 + 2 \times 3 \times 4 + 3 \times 4 \times 5 + \cdots + 20 \times 21 \times 22$ 的和(提示:项值是项数的函数,即 $a_i = f(i)$)。

变式题:求 $1 \times 2 \times 3 - 2 \times 3 \times 4 + 3 \times 4 \times 5 - \cdots - 20 \times 21 \times 22$ 的和 S。

4. 求 $3 + 33 + 333 + 3333 + \cdots$ 前 10 项的和 S(提示:后项是前项的函数,即 $a_i = f(a_{i-1})$)。

变式题:求 $1 + 2! + 3! + \cdots + 10!$ 的和 S。

5. 已知一个数列第 1 项的值是 5,后一项是前一项值的倒数加 1,求前 10 项的和及第 10 项的项值。

变式题:求 $1 + 1 + 2 + 3 + 5 + \cdots$ 前 30 项之和及第 30 项的值。

变式题:输出 FIB 数列的前 30 项,并且每行只显示 3 个数据。

6. 求 $1 - 1/3 + 1/5 - 1/7 + \cdots$ 前 100 项之和(提示:前后项之间子项密切联系)。

变式题:从键盘上输入 x 和 n 的值,求 $S = x + x^2/2! + x^3/3! + \cdots + x^n/n!$ 的值。

七、部分典型问题分析

1. 求 $s = 1 + 2! + 3! + \cdots + 10!$ 的和。

```
# include <iostream. h>
int main()
{
    int s=0,i=1;
    int a=1;
    while(i<=10)
    {
        s=s+a;              //先抛数,求出前一项和
        a=a*(i+1);          //相应地得到第二项的值
        i++;
    }
    cout<<s<<endl;
    cout<<a<<endl;          //s 和 a 总是不同步的,求出前 10 项的和,a 肯定放的是 11!
    cout<<a/11;             //把 11!变回 10!
}
```

结论:在循环体内,先抛数求和 s,再改变变量 a,这种顺序称为"先抛",s 和 a 不同步

(a 是后一个即将进入的数)。循环结束后,求出前 n 项和 s 时,得到的是第 $n+1$ 项的值 a。

请将上面的求 $1!+2!+\cdots+n!$ 改编成模块,模块名为 getFactSum。

2. 求 $1+1+2+3+5+\cdots$ 前 30 项之和及第 30 项的值。

(1) 主模块所在文件内容。

```cpp
#include <Progression.h>
int main()
{
    int n;
    cin>>n;                                    //可以输入 30
    cout<<getFibNDiscursion(n)<<endl;          //求 Fib 数列的前 30 项
    cout<<getFibNSumDiscursion(n)<<endl;       //求 Fib 数列的前 30 项之和
    return 0;
}
```

(2) 自定义模块所在文件内容 Progression.cpp。

getFibNDiscursion 模块	getFibNSumDiscursion 模块

<pre>long int getFibNDiscursion (int n)
{
    int a=1,b=1,c;
    int i=3;   //从第 3 项开始
    if(n==1‖n==2)
    return 1
    while(i<=n)
    {
        c=a+b;
        a=b;
        b=c;
        i++;
    }
    return c;
}</pre>
	<pre>long int getFibNSumDiscursion (int n)
	{
	    int a=1,b=1,s=2;
	    int i=3; //从第 3 项开始
	    if(n==1) return 1;
	    if(n==2) return s; //此句可略
	    while(i<=n)
	    {
	        c=a+b;
	        s=s+c;
	        a=b;
	        b=c;
	        i++;
	    }
	    return s;
	}</pre>

(3) 自定义模块声明文件内容 Progression.h。

```cpp
long int getFibNDiscursion (int n);
long int getFibNSumDiscursion (int n);
```

3. 输出 FIB 数列的前 30 项,并且每行只显示 3 个数据。

```cpp
#include <iostream.h>
int main ()
{
    int a=1,b=1,c;
    int i=3;              //从第 3 项开始
```

```
cout<<a<<" "<<b<<" ";
int counter=2;

while(i<=30)
{
    c=a+b;
    cout<<c<<" ";
    if (++counter%3==0)
    {
        cout<<endl;
    }

    a=b;
    b=c;
    i++;
    }
}
```

4. 求 $S=x+x^2/2!+x^3/3!+\cdots+x^n/n!$, 从键盘上输入小数 x、整数 n 的值。

分析:前后项部分之间发生联系,可以将其分成 2 个部分来看,分子变化是每次乘以 x, 分母的变化是每次原分母乘以下个项数。

```
# include <iostream.h>
# include <iomanip.h>
int main()
{
    double x;
    int n;
    cout<<"input x and n";cin>>x>>n;
    double s=0;
    int i=1;
    double nemu,deno;
    nemu=x;deno=1;
    while(i<=n)
    {
        s=s+nemu/deno;
        nemu=nemu*x;
        deno=deno*(i+1);
        i++;
    }
    cout<<s<<endl;
    cout<<deno<<endl;      //这里 deno 是第 n+1 项的阶乘,这个值没有进入 s
}
```

说明:本题也可如第 1 题采用后抛方式,即在循环体内先求出项值,再抛。方式是:初值设置 nemu=1;循环体内:nemu=nemu*x;deno=deno*i;s=s+nemu/deno;i++;最后显示的 deno 是第 n 项的阶乘,而非 $n+1$ 项的阶乘。

5.求解满足条件 $1+2+3+\cdots+i \geqslant 1000$ 的最小 i 值。

```cpp
#include <iostream.h>
int main()
{
    int s=0,i=1;
    while(s<1000)
    {
        s=s+i;
        i++;
    }
    cout<<i-1;   /*因为s满足条件的时候,得到下一项的项值,i多加了1,所以这个1要退了,
                   真实进入的最后一个数是 i-1 */
}
```

八、问题思考

1.输出 100 以内能被 3 整除且个位数为 6 的所有整数。

2.求 1 至 300 之间所有能被 3 整除且个位数是 6 的整数之和。

3.有 2 个小于 40 的正整数 a 和 b,a 平方与 b 的和是 1053,而 a 与 b 平方的和是 873,求出 a 和 b。

4.求所有的水仙花数(一个 3 位数等于各位数字立方之和)。

5.用 3 种方法求 1 到 100 的和。

结构编程自检测试

一、选择题（20 分）

1. 结构化程序设计的 3 种基本控制结构是（　　）。
   (A)顺序、选择和循环　　　　　　　　(B)递归、网状和循环
   (C)模块、递推和循环　　　　　　　　(D)顺序、选择和转向

2. 已知"$w=0,x=1,y=2,z=3,a=-3,b=12$;"，则执行语句"$(a=w>x)\&\&(b=y>z)$;"后，$a,b$ 的值为（　　）
   (A)0,0　　　　　(B)$-3,12$　　　　(C)0,12　　　　(D)$-3,0$

3. 以下对函数的描述，不正确的是（　　）。
   (A)调用函数时，实参可以是变量、常量或表达式
   (B)调用函数时，将为形参分配内存单元
   (C)调用函数时，实参与形参个数必须相同
   (D)函数必须有参数，否则没有意义

4. 已知"int a=1,b=2,x;"，则表达式"(x=1*2,2*a<b? a:b),x+10"的值是（　　）。
   (A)13　　　　　(B)12　　　　　(C)2　　　　　(D)1

5. C/C++语言的函数（　　）。
   (A)可以嵌套定义　　　　　　　　　　(B)不可以嵌套定义
   (C)可以嵌套调用，但不能递归调用　　(D)嵌套调用和递归调用均可

6. 变量 y 值为 3，执行"do y++; while(y++<4);"后变量 y 的值是（　　）。
   (A)3　　　　　(B)4　　　　　(C)5　　　　　(D)6

7. 语句 while(! flag){…}中的 flag 是为真走循环，还是为假走循环（　　）。
   (A)真　　　　　(B)假　　　　　(C)不能确定　　(D)真假均可

8. 以下程序代码，程序执行后 sum 的值是（　　）。

```
int main()
{
    int i , sum;
    for(i=1;i<6;i++) sum+=i;
    printf("%d\n",sum);
    return 0;
}
```

   (A)15　　　　　(B)14　　　　　(C)不确定　　　(D)0

9. 以下程序代码段，while 循环执行的次数是（　　）。

```
int k=0
while(k=1) k++;
```

(A)无限次   (B)有语法错,不能执行

(C)一次也不执行   (D)执行 1 次

10. 设有宏定义:"♯define M(x) x<0? −1:x==0? 0:1",则表达式"M(3.0)+1"的值是(   )。

(A)−1   (B)0   (C)1   (D)2

二、判断题(10 分,每题 1 分)

1. do {…} while 循环和 while{…}循环一样,循环体可一次都不执行。   (   )

2. 一个函数可以通过 return 语句返回多个结果。   (   )

3. 在 C/C++ 语言中,"A"和'A'是不同的。   (   )

4. 执行以下语句"int a=16,*p=&a;"后,变量(*p)的值是 16。   (   )

5. 递归就是在函数的内部再定义一个函数。   (   )

6. for 循环是先做判断再执行循环体,这点跟 while 循环性质相同。   (   )

7. 预处理有 3 种方式,实际上就是在编译前,将源代码部分内容置换掉。   (   )

8. 宏定义的功能强大,在很多场合下宏可以替代函数,但宏不能从根本上取代函数。如函数的参数可设置数据类型,但宏定义不能。   (   )

9. C/C++语言里所附带的 stdlib.h 这个库中有一个函数 rand,这个函数能够实现产生 [0,32767]之间的随机数。   (   )

10. break 是中断语句,广泛地应用在条件判断语句和循环语句里,当条件不满足的时候,使用 break 语句可以立即中止条件语句或者循环语句。   (   )

三、改错题(20 分,共有 5 个错误,每个错误改正正确得 4 分)

1. 求 1!+2!+3!+4!+5!+6!+…+20!,代码如下:

```
int main()
{
    float n , s ,t; /*$ ERROR1 $*/
    for (n=1; n<=20;++n)
        t=t*n; /*$ ERROR2 $*/
        s=s+t;
    cout<<("1!+2!+3!+4!+5!+6!+…+20!= %e \n", s); /*$ ERROR3 $*/
    returnn 0;
}
```

2. 给出模块求两个整数的最大公约数,代码如下:

```
int maxCommoDivisor( int m,int n);
int main()
{
    int m,n;
    cin>>m>>n;
```

```
        cout<<maxCommoDivisor(m,n);
        return 0;
    }
    int maxCommoDivisor(int m,int n)
    {
        int r;
        do
        {
            r=m%n;
            m=n;
            n=r;
        } while(r==0); /*$ ERROR4 $*/
        return n; /*$ ERROR5 $*/
    }
```

四、填空题 (10 分,每空 2 分)

1. 请阅读下面的程序,并在画线部分填空。

```
#include <iostream.h>
#include <iomanip.h>
int main()
{
    int a,b,c;              //a,b,c 表示第 1 个数,第 2 个数,第 3 个数
    int s,i;                //s 是累加器,i 表示次数
    a=1;b=1;
    i=3, c=a+b;             //从第 3 个数开始向里抛数,第 3 个数 c 是 2
    s=2;                    //第 3 个数抛之前,s 里面放的是前 2 项之和,即 1+1
    while (i<=30)
    {
        s=s+c;             //抛完之后,像一个移动窗口向右移动
        a=b;
        b=c;
        c=a+b;             //这是问题的关键,通过规律得到新的 c
        i++;
    }
    cout<<s<<endl;         //这个 s 表示的含义是＿＿＿＿＿＿＿＿＿＿＿
    cout<<c<<endl;         //这个 c 表示的含义是＿＿＿＿＿＿＿＿＿＿＿
    cout<<b<<endl;         //这个 b 表示的含义是＿＿＿＿＿＿＿＿＿＿＿
}
```

2. 请阅读下面的程序,并在画线部分填空。

```
#include <iostream.h>
int reverseInt(int num)
```

```
{
    int end;              //表示 num 末尾一个数位
    int newNum=0;         //表示得到的新数
    do
    {
        end=num%10;
        num=num/10;
        newNum=newNum*10+end;
    }while(num!=0);

    return newNum;
}
int main()
{
    int num;
    cin>>num;
    cout<<reverseInt(num);
}
```

当输入 num 是 234 的时候,程序运行的结果是：_____

3.下面两段代码均用于求整数的位数,请阅读后填写这两段代码的区别。

代码 1:使用 while 结构	代码 2:使用 do…while 结构

`int getDigit(int num)`
`{`
   `int i=0;`
   `while (num!=0)`
   `{`
      `num=num/10;`
      `i++;`
   `}`
 	
   `return i;`
`}`
	`int getDigit(int num)`
	`{`
	   `int i=0;`
	   `do`
	   `{`
	      `num=num/10;`
	      `i++;`
	   `}while(num!=0);`
	
	   `return i;`
	`}`

如果要得到一个整数的位数,以上哪段代码是正确的,为什么? _____

五、编程题(40 分,每题 10 分)

1.编写模块,判断给定的年份是否是闰年。

2.编写模块,判断给定 3 个小数是否能构成三角形,如果能构成再求其面积。

3.编写模块,根据给定一个整数范围,比如说[10,100],求出其中所有素数的和。

4.编写程序,使用递推方法求和 $S=1×2×3-2×3×4+3×4×5\cdots-20×21×22$。

单元 3　构造类型总结与自检测试

构造类型总结

前面学习了面向过程的编程思想:自顶而下、逐步求精、模块设计、结构编程。其中前两个是总体思路,后两个是具体操作。模块设计指的是编写一个个的小模块,每个小模块完成一定的功能,而结构编程指的是顺序、选择、循环语句的使用。

在基于基本的数据类型和指针类型的基础上,本单元的主要任务是构造数组类型和结构体类型。数组类型用来表达更多的相同元素集合(字符串是数组类型的一种,因为使用频繁,并且有一些独有的特征,所以单独描述);结构体类型用来表达一个事物多个方面的属性。使用这些构造类型时,要明确这些类型的定义,准确地表达出其中的分量或字段,以及相应的读写方式。

一、构造类型——数组

1.基本知识。

(1)数组的特征是存放相同类型的数据,由于是大量数据的集合,操作通常用到循环。

(2)静态定义的数组,在定义时系统分配空间。静态数组名是一个固定不变的常量地址,不能改动这个地址。比如说,"int a[10]; a＝a＋1"就是错的,这就好像是"3338＝3338＋1"一样不可理解。

(3)对于一个数组来说,谨记:"数组名＋长度"是这个数组的核心信息,当将一个数组的信息传到另一个模块去的时候,一般情况下,这两点都要传出去。

2.典型例题。

(1)根据给定的小数型数组 score,长度是 10,编写模块 statis 求出平均成绩。

(2)根据给定的小数型数组 score,长度是 10,编写模块 sort 对分数排序。

(3)根据给定的有序小数型数组 score,长度是 10,以及给定的一个分数,编写模块 insert,将该分数插入数组中,并保持有序。

二、构造类型——字符串

1.基本知识。

(1)字符串本质上是字符型数组。

(2)字符串分有名和无名字符串,且顾头不顾尾(字符串尾部一定是 0)。所以字符串的核心指标只有头地址。

(3)无名字符串是常量,它的空间位置和内容都不能改变,只能使用。

(4)有名字符串通常用字符型数组表达。系统定义了一个有名字符串之后,它的空间位置不能改变(用数组名来表达头位置),但里面的内容可以改变。比如,"char a[10]＝″aaa″;",

这里数组名 a 是一个常量地址,这个地址是肯定不能改变的,但里面的内容是可以改变的,可以将里面的内容改成"bbb"。

(5)字符串经常用一个指针变量来指向,这样操作字符串会非常灵活,比如:

```
char name[10], *p;
p="aaa";            //指向无名串;
p=name;             //指向有名串 name,含义是将字符串空间的头放到指针变量 p 里来保存
```

注意:用指针来代表字符串作函数参数的时候,要改变这个字符串里的内容,就一定要确保实参指向的字符串不能是常量字符串。

(6)字符串输入。输入字符串的前提是:字符串的空间有效。对于用静态字符数组作为字符串的承载容器的输入没有问题,但用指针变量指向来表达字符串时,输入可能失败。如:

```
char name[10], *p;
cin>>name;          //正确,有真实可用的空间
cin>>p              //错误,无真实可用的空间
```

确保空间真实可用,有两种方案:

第一种,利用现有的可用空间:p=name;cin>>p,p 指向可用空间,这个空间是系统给 name 分配好的。

第二种,自己申请空间:p=new char[20];cin>>p,p 指向可用空间,这个空间是自己申请的。

2.典型例题。

(1)在主模块里定义 2 个字符串,并初始化赋值,然后编写自定义模块 strCat,最后将字符串 b 附加到字符串 a 后。

(2)在主模块里定义 1 个字符串,并初始化赋值,然后编写模块 revert,最后将这个字符串内容颠倒顺序。代码参考:

```cpp
#include <iostream.h>
void revert(char *pStr);
int main()
{
    char str[]="wan";
    revert(str);
    cout<<str;
}
void revert(char *pStr)
{
    char *pBeg, *pEnd;
    pBeg=pStr;
    while ( *pStr!=0)
```

```
    {
        pStr++;
    }
    pEnd=——pStr;
    while (pBeg<=pEnd)
    {
        char c;
        c= *pBeg;
        *pBeg= *pEnd;
        *pEnd=c;
        pBeg++;pEnd——;
    }
}
```

(3)先在主模块里定义一个字符串,然后编写模块 delChar,最后删除这个字符串中的某个特定字符(如删除字符'n'),并在模块内部显示出来。代码参考:

```
# include <iostream. h>
void delChar(char *pStr,char c);
int main()
{
    char str[]="wanyimin";
    delChar(str,'n');
    cout<<str;
}
void delChar(char *pStr,char c)
{
    char des=char[10], *pDes=des;
    while ( *pStr!=0)
    {
        if ( *pStr!=c)
        {
            *pDes= *pStr;
            pDes++;
        }
        pStr++;
    }
    *pDes=0;
    cout<<pDes;
}
```

三、构造类型——结构体

1. 基本知识。

(1)结构体是不同属性结合在一起的数据类型,每种属性称为一个字段。一般可以将结构体类型的定义写在一个以结构体名来命名的头文件里。

(2)根据学生分数结构体类型,既可以定义一个结构体变量来表达一个学生的完整分数信息,也可以定义一个结构体数组来表示多个学生的完整分数信息。

(3)结构体变量的成员表达方式有 3 种:结构体变量. 成员;(* 结构体指针变量). 成员;结构体指针变量—>成员。例如定义:

    Score s, *pS=&s;

    则 s 的分数表达:s. fScore=98.5 ⇔(* Ps). fScore ⇔pS—>pScore=98.5

(4)结构体数组中元素与元素成员的表达方式:假定有一个学生分数结构体数组 scoreAll,那么第 i 个学生分数元素是什么? 第 i 个学生分数元素的分数如何表达?

第 i 个元素的表达是:scoreAll[i] ⇔ * (scoreAll+i)

第 i 个元素的分数表达是:scoreAll[i]. fScore ⇔ (* (score+i)). fScore ⇔ (scoreAll+i)—>fScore

2. 典型例题

(1)先在主模块里定义学生分数结构体数组 scoreAll,长度是 40,在定义时先初始化好数据,再编写模块 statis 求出所有同学的平均分,并显示小于平均分的所有同学名单。

(2)先在主模块里定义学生分数结构体数组 scoreAll,长度是 40,然后在主模块里编写一个菜单,菜单内容如下:1 输入;2 显示;3 排序。当输入 1 后,进入模块 inputScore,这个模块完成 40 个学生数据的一次性输入;当输入 2 后,进入模块 displayScore,这个模块完成 40 个学生信息的显示;当输入 3 时,进入 sortScore 完成所有学生按分数的从小到大的排序。

四、文件

1. 基本知识。

(1)凡能够输入或输出的设备,都可视为文件。

(2)文件可分文本文件和二进制文件两种。键盘和显示器是文本文件。内存和磁盘文件,根据数据保存的具体状态,即可以是文本文件,也可以是二进制文件。

(3)文件的读写有两种方案:文件指针和流对象。每种方案都是通过 4 步来完成。以文件指针为例,对文本文件的读写,常用 fgetc/fput,fscanf/fprintf 函数来读写单个字符或格式化字符;对二进制文件的读写,常用 fread/fwrite 函数读写内存中一段空间里的数据。

2. 基本题型。

(1)按单独字符读写方式,读写一个文本文件中所有数据的方法。

(2)按格式化字符读写方式,读写一个文本文件中多条记录。

(3)读写一个二进制文件中多条记录。

构造类型自检测试

一、选择题(10 分)

1. 以下一维数组 a 的正确定义是(   )。
   (A)int a(10);　　　　　　　　　(B)int n=10,a[n];
   (C)int n;cin>>n; int a[n];　　　(D)const int N=10; int a[N];

2. 设有定义"int s[]={1,3,5,7,9};*p=&s[0];",值为 7 的表达式是(   )。
   (A) *p+3　　　(B) *p+4　　　(C) *(p+3)　　　(D) *(p+4)

3. 若数组和指针变量定义为"int a[]={1,2,3,4,5,6,7,8,9,10},*p=a;",则值为 4 的表达式是(   )。
   (A)p+=3,*(p++)　　　　　　　(B)p+=3,* ++p
   (C)p+=4,*p++　　　　　　　　(D)p+=4,++ *p

4. 若有语句"int a[]={3,4,5,9,8,7};",则表达式 a[1]-a[4] 的值是(   )。
   (A)-6　　　(B)6　　　(C)-4　　　(D)2

5. 若定义二维数组为"int a[3][4];",则对 a 数组元素的正确引用是(   )。
   (A)a[2][4]　　(B)a[1,3]　　(C)a[1+1][0]　　(D)a(2)(1)

6. 将字符串 a 赋给字符串 b 的方法是(   )。
   (A)b=a　　(B)strcat(b,a)　　(C) *b= *a　　(D)strcpy(b,a)

7. 以下与"int *p[3];"等价的定义语句是(   )。
   (A)int *p;　　(B)int *(p[3]);　　(C)int p[3];　　(D)int (*p)[3];

8. 已知代码"int a[]={1,2,3 }, i=1,*p=a;",下面定义和语法分析(   )是不正确的。
   (A)a[p-a]　　(B) *(&a[i])　　(C)p[i]　　(D) *(*(a+i))

9. 在以下选项中,操作不合法的一组是(   )。
   (A)int x[6],*p;p=&x[0];　　　(B)int x[6],*p; *p=x;
   (C)int x[6],*p;p=x;　　　　　(D)int x[6],p;p=x[0];

10. 若结构体数组和指针变量的定义语句为"struct{int x;} y[2],*p=y;",则下列表达式中不能正确表示结构体成员的是(   )。
    (A)(*p). x;　　(B) *(p+1). x;　　(C)y[0]. x;　　(D)(y[1])->x;

二、判断题(10 分)

1. 在一维整型数组中,a[i]和 *(a+i * 4)都是指向它的第 i 个元素。　　　　(   )

2. 一个#include 只能指定一个被包含文件,如果有 n 个文件,要用到 n 个#include。
   　　　　　　　　　　　　　　　　　　　　　　　　　　　　　　　　(   )

3. 一个二维数组 a[M][N],它的第 i 行第 j 列元素值可表示为 *(*(a+i)+j)。　(   )

4. 二维数组 int a[3][4],相当于一个数组指针,指针每次移动 16 个字节。 （　　）

5. 动态产生的二维数组相当于一个二级指针。 （　　）

6. 在C/C++中,标准字符串最后都放一个´\0´字符,从而表示结束。 （　　）

7. 一个函数的返回值是多种多样的,不仅可以是数值,也可返回指针。 （　　）

8. 一个结构体类型变量的长度是各个字段长度之和。 （　　）

9. 内部函数就是函数内部定义的函数,并且只能用于本函数。 （　　）

10. 函数模板指的是除参数类型不一致外,代码均相同,故使用同样的函数名。 （　　）

三、改错题(20 分,每改正一个错误得 4 分)

程序用途	将输入的数字字符串序列转化成一个整数,如数字字符串″123″转成 123	下面程序是删除字符串中所有数字字符,如字串″a12b3″转成″ab″

代码	<pre># include ＜stdio. h＞
	# include ＜string. h＞
	main()
	{
	　　char c[10];
	　　int i=0,j;
	　　long k=0;
	　　gets(c);　　//输入字符串
	　　j=strlen(c);
	　　for(;i＜j;i++)
	　　　　if(c[i]＞=´0´|| c[i]＜=´9´) //ERROR1
	　　　　k=k*10+c[i]; //ERROR2
	　　printf(″k=%d\n″,&k); //ERROR3
	}</pre>
		<pre># include ″stdio. h″
		main()
		{
		　　int n=0,i=0;
		　　char c[80];
		　　gets(c);
		　　while (c[i]=´\0´) //ERROR4
		　　{
		　　　　if(c[i]＞=´0´&&c[i]＜=´9´) i++;
		　　　　else {c[n]=c[i];n++;} //ERROR5
		　　}
		　　c[n]=´\0´;
		　　printf(″%s″,c);
		}</pre>

改错		
程序用途	下面模块用于将文本文件中保存的数据读入到内存的结构体数组中,请指出错误。	下面模块用于将二进制文件中保存的数据读入到内存的结构体数组中,请指出错误

代码	<pre>void loadScoreTXT(Score * pS,int n,int num)
	{　　//ERROR6 上一行有错误
	　　FILE *pf;
	　　pf=fopen(″Score. txt″,″r″);
	　　int i=0;
	　　while (fscanf(pf,″%d %s %f″,&pS[i]. no,
	　　　　pS[i]. name,&pS[i]. score)) //ERROR7
	　　{
	　　　　i++;
	　　}
	　　num=i; //ERROR8
	　　fclose(pf);
	}</pre>
		<pre>void loadScoreBIN(Score * pS,int n,int * pNum)
		{
		　　FILE * pf;
		　　pf=fopen(″Score. dat″,″r″);//ERROR9
		　　int i=0;
		　　while(fread((void *)&pS[i],
		　　　　sizeof(Score),1,pf)!=1)//ERROR10
		　　{
		　　　　i++;
		　　}
		　　* pNum=i;
		　　fclose(pf);
		}</pre>

改错		

四、编程题 (60 分)

1. 给定一个一维整型数组,编写模块 getMax 得到并返回最大值。(10 分)

2. 给定一个二维数组,编写模块 eye 将它变成一个单位矩阵,即主对角线全部为 1,其他全部为 0 的矩阵。(10 分)

3. 编写模块 strLen,计算一个字符串的长度。(10 分)

4. 编写模块 getPosition,根据给定的固定以逗号分隔的字符串,返回第 i 个子串的开始位置标号。如给定字符串为:"aa,bb,cc,dd",则第 2 个子串的开始位置标号是 3,第 3 个子串的开始位置标号是 6。(10 分)

提示模块形式:

int getPosition(char * pS,int n)//n 表示第 n 串。

主模块代码	getPosition 模块代码

int main()
{
　　char str[]="aa,bb,cc,dd";
　　int n,pos;
　　printf("请输入要查找的子串号");
　　scanf("%d",&n);
　　pos=getPosition(str,n);//核心模块调用
　　if(pos==-1)
　　{
　　　　printf("没有找到,您输入的号码太大了");
　　}
　　else printf("第%d串的开头位置在:%d位",n,pos);
}	

5. 编写模块 getScoreMean,根据给定的结构体数组(结构体类型采用教材的 Score),得到其中分数字段的平均值并返回。另外编写主模块测试 getScoreMean 模块。(10 分)

主模块代码	getScoreMean 模块代码

6.编写模块,根据给定的2个文本文件名,将其中一个文件内容加密后(通过给字符加数字的方式),写到另外一个文件中。提示:void encode(char * pDes,char * pSrc,int n)。(10分)

7.设计题(10分):制作"图书管理系统",要求完成以下功能:①输入图书;②显示图书;③排序图书(如3.1按价格排序,3.2按书号排序,3.3按类别排序等);④查找图书(如4.1按书名查找,4.2按作者查找等);⑤借阅图书;⑥归还图书;⑦统计分析(如7.1统计最受欢迎图书,7.2统计平均借阅书数,7.3统计各类别学生借书总数等)。现已经确定图书数据结构采用结构体数组(如Book bookAll[50000];),学生数据结构采用结构体数组(如Student studentAll[1000];)。要求完成:

(1)画出系统的模型结构简图。

(2)小组成员如何分工合作完成代码(提示:若归属较多,则按归属划分人员,便于合成连接;若归属较少,则按功能划分人员,合成时需拷贝在一起编译后再连接)。

单元4 封装、继承、多态总结与自检测试

封装、继承、多态总结

一、面向对象思想

面向过程基于数据和方法的分离,强调步骤和控制,而面向对象基于数据和方法的融合,强调合作。

二、类的三大特征

1.封装:数据和方法的融合,保护了数据。

2.继承:从父类继承数据,并增加新数据,通常将共性写在父类,个性写在子类,代码复用。

3.多态:采用动态联编技术,根据产生的实际对象调用相应方法,通常父类共性全设虚。多态使用的步骤依次为:父类成员函数设虚;子类同名函数覆盖;父类指针指向子类对象。

三、对象

1.对象的初始化:构造函数和拷贝构造函数。

2.对象的大小:只计算数据成员。

3.对象的赋值:通常数据成员是指针类型,需要对赋值号重载,完成深赋值。

4.对象的传递:最好用对象指针或对象引用,以提高效率。

四、对象间关系

1.对象之间的关系要根据语境来分析。这些关系通常包括泛化、关联、聚合和依合。

2.代码体现:泛化是建立子类;关联是建立数据成员;聚合是建立数据成员;依合是作成员函数中参数。

五、优化技术

1.类模板:类的模板,使用类时即时填入类型,可作为多个类使用,并以此定义对象。

2.默认值:不仅函数的参数可有默认值,类模板的类型还可以设置默认值。

3.成员函数重载。

4.运算符重载。

普通成员函数对运算符的重载:＝、[ ]必须用成员函数重载。

友元函数对运算符的重载:＞＞、＜＜必须用友元函数重载。

六、标准化模板

1.容器:保存数据。

2.迭代器:智能指针,指向容器数据。

3.通用算法:操作数据。

封装、继承、多态自检测试

一、选择题(10分)

1.下列说法不正确的是(　　)。

(A)一个类只能定义一个对象　　　　(B)在C++中,类成员定义时需设访问控制

(C)代码中有了类就表明面向对象　　(D)纯粹的C语言中没有类

2.类的定义如下:

```
class Complex
{
  public:
    Complex(int r=0,int i=0)
    {
        fReal=r;
        fImage=i;
    }
    Complex(const Complex &c)
    {
        fImage=c.fImage;
        fReal=c.fReal;
    }
  private:
    int fReal;
    int fImage;
};
```

下面根据此类定义的对象中正确的是(　　)。

(A)Complex c1,c2;　　　　　　　(B)Complex c1(2),c2(2,3);

(C)Complex c1,c2(c1);　　　　　(D)Complex c1,c2=c1;

3.关于构造函数,下列说法正确的是(　　)。

(A)构造函数可重载　　　　　　　(B)构造函数必须主动写出来

(C)所有构造函数都不写返回类型　(D)构造函数可自动或主动调入

4.下面根据类Complex定义一个对象,形式上一定错误的表达是(　　)。

(A)Complex c1;　　　　　　　　(B)Complex c1(3,4);

(C)Complex c1[3,4];　　　　　　(D)Complex c1,c2(c1);

5.子类构造函数调用父类构造函数的条件是(　　)。

(A)无需任何条件　　　　　　　　(B)父类必须定义构造函数

(C)显示写出调用父类语句　　　　(D)子类必须定义构造函数

6. 在公用继承中,子类与父类关系的描述,最准确的是( )。

　　(A)子类可访问父类所有外部方法　　(B)子类可访问父类部分内部方法

　　(C)子类可访问父类所有方法　　　　(D)子类可访问父类外部和保护方法

7. 下面( )函数不是类的成员函数。

　　(A)常成员　　　　　　　　　　　　(B)静态成员

　　(C)构造　　　　　　　　　　　　　(D)友元

8. 若类 A 中定义了整型数据成员 i,则下面提供的构造函数中( )是正确的。

　　(A)A:A(int i):i(i){}　　　　　　　(B)A(int i):i(i),i(i){}

　　(C)A:A(int i){i=9;}　　　　　　　(D)A:A(int i){;}

9. 下面关于虚函数的描述中,正确的是( )。

　　(A)虚函数前加 virtual　　　　　　　(B)虚函数后加 const

　　(C)设置虚函数后,其子类同名函数全虚　(D)具有虚函数的类称为抽象类

10. 定义父类、子类如下,并根据类的定义产生对象,运行后结果是( )。

```
class Shape{public:virtual void display(){cout<<"shape";}};
class Point:public Shape{void display(){cout<<"point";}};
int main(){Shape *ps=new Point;ps->display();}//结果?
```

　　(A)shape　　　　　(B)point　　　　　(C)程序出错　　　　(D)shape point

二、判断题(10 分)

1. 关联是两个类之间的一般关系,而聚合与组合关系是拥有关系。　　　　( )

2. 当类中含有 const、reference 数据成员时,其初始化需用初始化列表。　　( )

3. 父类与子类有同名的成员函数称"多态"。　　　　　　　　　　　　　　( )

4. 在继承中,父类写的成员是共性成员,子类写的成员是个性成员。　　　( )

5. 产生一个对象,调用的是其归属类的构造函数,而非拷贝函数。　　　　( )

6. 静态数据成员,被类的所有对象共享,而非专属于某个对象。　　　　　( )

7. 任何一个类,都有构造函数和析构函数。　　　　　　　　　　　　　　( )

8. 转换构造函数其实是构造函数的一种,目的是将本类转成其他类(或类型)。( )

9. 动态生成对象,会自动调用构造函数初始化数据。　　　　　　　　　　( )

10. STL 包括三个部分:容器模板、迭代器模板、算法模板。　　　　　　　( )

三、改错题(20 分,每个错误改正得 4 分)

　　下面的程序是先建立一个学生类,然后在主程序里根据这个类定义一个对象,并调用接口完成一些简单的操作。

```
classStudent
{
  private:
    int fNo;
```

```cpp
        char fName[10];
        float fScore;
    public:
        void Student();                //错误1
        Student(int no,float score,char name[]);
        void setFNo(int no);
        void setFName(char name[]);
        void setFScore(float score);
        void disp();
};


Student::Student()
{
    fNo=0;
    fname="无名氏";               //错误2
    fScore=0;
}
Student::Student(int no,float score,char name[]):no(fNo), fScore (score)
{                               //错误3
    strcpy(fName,name);
}
void Student::setFNo(int no)
{
    fNo=no;
}
void Student::setFName(char name[])
{
    strcpy(fName,name);
}
void Student::setFScore(float score)
{
    fScore=score;
}
void Student::disp()
{
    cout<<"fNo is :"<<fNo<<endl;
    cout<<"fName is :"<<fName<<endl;
    cout<<"fScore is :"<<fScore<<endl;
}
```

```
int main()
{
    student s1;                    //错误4
    s1.fNo=1;                      //错误5
    s1.setFName("郭靖");
    s1.setFScore(100);
    s1.disp();
}
```

四、读程序写结果 (20分,写出每个结果得2分)

1. 定义父类 Parent 和子类 Child,并进行测试。

写出各句执行后显示的内容,代码如下:

```
class Parent
{
  public:
    Parent(int ip=0):iParent(ip){cout<<"Parent Constructor"<<endl;}
    Parent(const Parent &p){iParent=p. iParent;cout<<"Parent Copy_Constructor"<<endl;}
    virtual void f() {cout << "Parent::f()" << endl; }
    void g() {cout << "Parent::g()" << endl; }
    void h() {cout << "Parent::h()" << endl; }
  private:
    int iParent;
};


class Child : public Parent
{
  public:
    Child(int ic=1):iChild(ic) {cout<<"Child Constructor"<<endl;}
    Child(const Child &c){iChild=c. iChild;cout<<"Child Copy_Constructor"<<endl;}
    virtual void f() {cout << "Child::f()" << endl; }//只重写了虚函数 f
    void g(){cout << "Child::g()" << endl; }
    void h(){cout << "Child::h()" << endl; }
  private:
    int iChild;
};
void testA(Parent p)
{
    p.f();
```

```
        p.g();
        p.h();
    }
    void testB(Parent *p)
    {
        p->f();
        p->g();
        p->h();
    }
    void testC(Parent &p)
    {
        p.f();
        p.g();
        p.h();
    }


    int main()
    {
        Parent p;//结果:Parent Constructor
        testA(p);//1
        testB(&p);//2
        testC(p);//3

        Parent *pc;//无结果
        pc=new Child;//4
        testA(*pc);//5
        testB(pc);//6
        testC(*pc);//7
    }
```

2.将上述方框中代码替换成 void h() {cout << "Parent::h()" << endl; f();g();}。
主程序如下:

```
    int main()
    {
        Parent *pc;//无结果
        pc=new Child;//结果是:Parent Constructor Child Constructor
        testA(*pc);//8
        testB(pc);//9
        testC(*pc);//10
    }
```

五、根据图形写程序（10分）

根据给定的类图，给出相应的 Person. h 和 Person. cpp 代码。

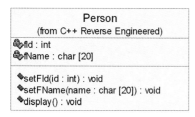

六、编程题（30分，每题15分）

1.定义一个日期类，数据成员有：年、月、日；成员函数有：构造、析构、显示、判断大小。

2.定义父类 Point，数据成员有：横坐标、纵坐标；成员函数有：构造、设置横纵坐标、显示、求面积。定义子类 Circle，数据成员有：半径；成员函数有：构造、设置半径、显示、求面积。编写主模块测试多态的使用。

课程结束总结与模拟考核

考 核 依 据

　　结束本课程的学习之后,学生应按理论教材的"核心教学点"中的知识要点、技能要求(这些指标作为课程结束考核评估的依据,也可进一步作为标准试题库建立的参考指标),以及教师实际教学要求,掌握最基本的概念和规则。

问 题 思 考

　　下面列出部分有助于检验知识和技能达成度的问题,供复习时参考。

章节	问题思考
1	模型、模块(函数)的基本含义是什么?
	main 模块的作用和格式是什么?
	程序的编写是以模块为单元,而程序的编译是以文件为单元,为什么?
	文件名命名有什么规范?
	解决问题的一般步骤是什么?
2	程序运行可能有哪 3 种错误?
	通过程序编译、连接过程中出现的错误提示信息,可识别原因并改正。例如,error C2065:′max′: undeclared identifier 含义是什么? 如何改正?
	VC 调试环境下常用的快捷键有哪些? 如何单步调试?
3	基本数据类型有哪些? 它们的含义是什么?
	如何定义 C/C++语言合法的标识符? class、x＊y 是否是合法的标识符?
	ASCII 码含义是什么? 常见字符的 ASCII 码值是什么?
	′1′与″1″有区别吗?
	全局变量和局部变量的含义是什么? 局部变量加了 static 是什么含义?
	运算符运算的优先级和特点是什么? 例如,已知 $a=4;b=5$,则(a=0)＆＆(b=55)后,a,b 的值应该是什么?
	符号"="与符号"=="的区别是什么? 判断语句中使用哪种符号?

章节	问题思考

4	如何得到一个变量的地址？操作变量的直接方式和间接方式是什么？
	
	``
	int main()
	{
	    int a，*p；p=&a；
	    a=3；//直接方式
	    *p=3；//间接方式
	}
	``
	问：a 的值是多少？*p 的值是多少？p 的值是多少？

	不同类型的指针性质有何不同？
5	选择的表达有几种方法？
6	3 种循环方式在格式上有什么区别？
	递推与递归含义是什么？递归如何表达？
	团队编程，如何分工合作？
7	数组所占空间怎么计算？例如，int a[10]占多少空间？
	数组的下标计算从 0 位开始，其他位如何标记？例如，数组 int b[5]={3,6,7,2,1}，如何取出各数据？
	一维数组的核心指标是数组名和长度，那么在传递数组给另外一个模块（函数）时，需要传递什么？
8	字符串与字符数组的区别是什么？
	字符串拷贝"char a[10]="aaa"；char b[10]="bbb"；a=b；"正确吗？
	字符串的核心指标是字符串名，那么在传递字符串给另外一个模块（函数）时，需要传递什么？
	多个字符串（也称字符串列表）如何表达？
9	结构体中各成员如何表达？
	结构体数组中各元素的成员如何表达？
10	文本文件与二进制文件本质区别是什么？
	以流指针方式读写数据，常用的函数有哪些？
11	面向过程和面向对象编程思想有何区别？
	类的三大特征是什么？
	如何构造一个类？如何根据类定义一个对象并使用？
	构造函数的作用是什么？构造函数有哪几种？
	类中使用 this 表示什么？在静态成员函数中可以使用 this 吗？为什么？
	对象之间的关系有哪几种？代码如何体现关联关系？
12	如何动态生成对象？
	公用继承后，子类的成员特性有何变化？
	为何需要类模板？类模板的定义和使用方式是什么？
	STL 是什么意思？STL 包括哪几个部分？
	C++为什么要使用命名空间？
	设计子类的原则是什么？
13	向上转型和向下转型的目的是什么？
	多态的使用步骤是什么？

模 拟 试 卷

一、选择题(每题 1 分,面向过程做前 15 题 15 分,面向对象做全部 20 分)得分:_____

1. 以下( )是 C/C++语言合法的标识符。
   (A)class   (B)3test   (C)a123   (D)x * y

2. C++源文件名的后缀名是( )。
   (A)cpp   (B)exe   (C)obj   (D)lnk

3. 以下关于 main()函数的说法中正确的是( )。
   (A)一个程序中允许多个 main 函数   (B)main 函数一般无返回值
   (C)main 函数一般是无参函数   (D)main 函数是程序执行的入口

4. 字符'a'和'A'的 ASCII 码分别是( )。
   (A)97 65   (B)65 97   (C)01 10   (D)88 29

5. 已知:

```
int a=3,b=5;
float x=7.0,y=3.5;
```

以下表达式的值是( )。

```
int(a/2+y+b)+x
```

   (A)16.5   (B)16   (C)15   (D)15.5

6. 若有定义"int x[10]={0,2,4};",则数组在内存中所占字节数为( )。
   (A)4   (B)40   (C)3   (D)20

7. 下面关于数组的叙述中,正确的说法是( )。
   (A)定义一个数组必须指定长度
   (B)对数组初始化时给定的数组必须达到数组长度要求
   (C)数组定义的时候必须初始化
   (D)数组的长度可以设置成变量,如"int n=3;int a[n]",这样定义是正确的

8. 下面能正确描述 x 位于闭区间 $[a,b]$ 中的 C/C++表达式是( )。
   (A)x>a&&x<b   (B)x>=a||x<=b
   (C)a<=x<=b   (D)x>=a&&x<=b

9. 若用数组名作为函数参数,则传递给形参的是( )。
   (A)数组的个数   (B)数组中的第一个元素的值
   (C)数组的头地址   (D)数组中的全部元素的值

10. 表达式 for(表达式 1;;表达式 3),可以理解为( )。
    (A) for(表达式 1;false;表达式 3)   (B) for(表达式 1;true;表达式 3)
    (C) for(表达式 1;表达式 1;表达式 3)   (D) for(表达式 1;表达式 3;表达式 3)

11. 已知 char *s="name is liyi",则 s 所指向的字符串长度是(   )。
    (A)12   (B) 13   (C)11   (D)14

12. 已知"w=0,x=1,y=2,z=3,a=−3,b=13;",则执行语句"(a=w>x)&&(b=y>z);"
    后 a 和 b 的值为(   )。
    (A) 0,13   (B) −3,12   (C)0,12   (D) −3,0

13. 设有定义"int s[5]={1,3,5,7,9}; *p=s;",下面值为 7 的表达式是(   )。
    (A) *p+3   (B) *p+4   (C) *(p+3)   (D) *(p+4)

14. 设执行变量 y 值为 4,执行"do y++; while(y++<5);"后,变量 y 的值是(   )。
    (A)3   (B)4   (C)5   (D)6

15. 设有结构体及其数组和指针变量的定义语句"struct{int x;}y[2], *p=y;",则下列
    表达式中不能正确表示结构体成员的是(   )。
    (A)(*p).x;   (B) *(p+1).x;   (C)y[0].x;   (D) (y[1])−>x;

16. 下列说法不正确的是(   )。
    (A)一个类只能定义一个对象   (B)C++中,类成员定义时需设访问控制
    (C)代码中有了类就表明面向对象   (D)纯粹的 C 语言中没有类

17. 关于构造函数,下列说法不正确的是(   )。
    (A)构造函数可重载   (B)构造函数必须主动写出来
    (C)所有构造函数都不写返回类型   (D)构造函数可自动或主动调入

18. 在公用继承中,子类与父类的关系描述,最准确的一项是(   )。
    (A)子类可访问父类所有外部方法   (B)子类可访问父类部分内部方法
    (C)子类可访问父类所有方法   (D)子类可访问父类外部和保护方法

19. 下面关于虚函数的描述,正确的一项是(   )。
    (A)虚函数前加 virtual   (B)虚函数后加 const
    (C)设置虚函数后,其子类同名函数全虚 (D)具有虚函数的类称为抽象类

20. 定义父类、子类如下,并根据类的定义产生对象,运行后结果是(   )。

```
class Parent{public:virtual void display(){cout<<"Parent";}};
classChild:public Parent{void display(){cout<<"Child";}};
int main(){Parent *ps=new Child;ps−>display();}//结果?
```

    (A)Parent   (B)Child   (C)程序出错   (D)Parent Child

二、判断题(面向过程做前 10 题,15 分/每题 1.5,面向对象做全部,15 分)得分:_____

1. 编译时,C/C++程序是以函数作为基本的编译单元的。   (   )
2. 字符型数据不可以和整型数据混合运算。   (   )
3. 一维数组在定义时,如果有初始化数据列表,则可以不给定长度。   (   )
4. 所有的字符串最后都放一个 0 表示结束。   (   )
5. 一个函数如果有两个返回值,只要加两条 return 语句即可。   (   )
6. 'a'与"a"基本上没有区别。   (   )
7. 执行以下语句"int a=15,*p=&a;"后,变量 *p* 的值是 15。   (   )

8.局部变量的生存期和作用域在定义模块内部,可使用关键字 static 扩展其生存期,但其作用区域仍然在模块内部,只有进入该模块才能使用。　　　　　　　　　　(　)

9.递归就是在函数的内部再定义一个函数。　　　　　　　　　　　　　　(　)

10.在一维整型数组中,a[I]和 *(a+I*4)都是指向它的第 I 个元素。　　(　)

11.在继承中,父类写的成员是共性成员,子类写的成员是个性成员。　(　)

12.关联是两个类之间的一般关系,而聚合与组合关系是拥有关系。　　(　)

13.抽象类不能定义对象。　　　　　　　　　　　　　　　　　　　　　(　)

14.访问对象里的私有数据的唯一方法是通过外部成员函数,也称外部成员方法。(　)

15.向下转型的目的是为了使用子类的个性方法。　　　　　　　　　　　(　)

三、画图题(每题 5 分,面向过程做 1、2 两题,面向对象全做)得分:_____

1.请画出模块图,并写出形式归属:根据给定的两个整数,编写模块并返回其最大值。

2.请画出模型图,并写出形式归属:求一维数组的和,包括输入模块、计算模块、显示模块。

3.请画出类图:根据 Person 类画出类图,数据成员包括身份号、姓名;成员方法包括无参构造函数、带参构造函数、设置身份号、设置姓名、显示信息。

四、改错题(每个错误 2 分,共 10 分,面向过程做 1、2,面向对象做 1、3)得分:_____

1.以下程序的功能是求 n 的阶乘。

```
int main()
{
    int s=0,i,n;                    // ERROR1 _____
    cin>>n;
    for(i=1,i<=n,i++)               // ERROR2 _____
        s=s*i;
    cout<<s;
    return 0;
}
```

2.输出数组中最大元素及其下标。

```
#include<iostream.h>
int main()
```

```
    {
        int * a=new int(10);                  //ERROR3 _____
        for(int j=0;j<10;j++) a[j]=j+1;
        int i=1,max,t;                        //max 表示最大值,t 表示标号
        max=a[0];
        t=1;                                  //ERROR4 _____
        while(i<=10)                          //ERROR5 _____
        {
            if(max<a[i])
            {
                max=a[i];
                t=i;
            }
            i++;
        }
        cout<<max<<t;
    }
```

3. 建立类 Student。

Student. h	Student. cpp

``
class Student
{
  private:
    int fNo;
    char fName[10];
    float fScore;
  public:
    void Student(); //ERROR6
    Student(int no,float score,char name[]);
    void setFNo(int no);
    void setFName(char name[]);
    void setFScore(float score);
    void display();
};
``
	``
	Student::Student()
	{
	    fNo=0;
	    fname="无名氏"; //ERROR7
	    fScore=0;
	}
	Student::Student(int no,float score,char name[])
	:no(fNo), fScore (score)
	{ //ERROR8
	    strcpy(fName,name);
	}
	void Student::setFNo(int no)
	{
	fNo=no;
	}
	void Student::setFName(char name[])
	{
	    strcpy(fName,name);
	}
	void Student::setFScore(float score)
	{
	    fScore=score;
	}
	void Student::display()
	{
	    cout<<"fNo is :"<<fNo<<endl;
	    cout<<"fName is :"<<fName<<endl;
	    cout<<"fScore is :"<<fScore<<endl;
	}
	``

五、读程序写结果(每题5分,共10分,面向过程做1、2,面向对象做1、3)得分:_____

1. 代码如下	2. 代码如下
| ```cpp
int getMax(int *pArray,int n)
{
    int max=pArray[0];
    int i=1;
    while(i<=n-1)
    {
        if (pArray[i]>max)
        {
            max=pArray[i];
        }
        i++;
    }
    return max;
}
int main()
{
    int max;
    int a[5]={1,2,3,4,5};
    max=getMax(a,5);
    cout<<max;
}
``` | ```cpp
# include<iostream.h>
int main()
{
    int i=1,s=3;
    do
    {
        s=s+i;
        i++;
        if(s%7==0)
        {
            continue;
        }
        else
        {
            i++;
        }
    }while(s<15);
cout<<i;
}
``` |
| 运行结果是:_____ | 运行结果是:_____ |

3. 根据第四题第3小题建立的Student类,建立主模块,代码如下,写出运行结果。

```cpp
int main()
{
    Student s1,s2;
    s1.fNo=1;s1.setFName("xxx");s1.setFScore(100);
    s1.display();
    s1.setFScore(99);
    s2.display();
    return 0;
}
```

六、编程题(面向过程做1、2、3、4、5、7共40分,面向对象做1、2、3、4、6、7共30分)得分:_____

1. 编写模块displayNum显示100以内能同时被3和5整除的奇数。(5分)

2.编写模块求 $n!$（要求使用递归方法）。（5 分）

3.编写模块 strLen，返回这个串的长度。（5 分）

4.编写程序，根据乘坐出租车的里程数计算费用。具体的费用计算依据为：5 公里以下 10 元钱，5 公里以上，每增加 1 公里费用增加 0.4 元。（5 分）

5.编写 inputScore 和 sortScore 模块，模块的入口参数包括小数型分数数组、字符型姓名指针数组和数组的长度，在模块内部完成学生信息的输入，并完成排序功能。（15 分）

6.根据下面给定的类图，写出成员函数 inputScore 代码。（5 分）

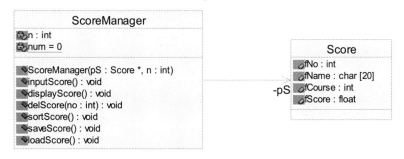

7.团队成员包括张三,李四,王五,编写档案管理系统,要求完成以下任务：

(1)指出档案管理系统所采用的数据结构。

(2)给出至少 5 种功能描述。

(3)画出模型结构简图(分清归属)。

(4)描述人员分工与合作。(5分)

提示:若模型图复杂,归属分类多,则按归属分配人员;若模型图简单,归属少,则按功能分配人员。

模 拟 试 卷 分 析

1.模拟考试试题应覆盖理论教材中所述的"教学核心点"。

2.模拟考试试题有两部分知识和技能点没有被覆盖。第一部分:在实验过程中检查了,故不在笔试试卷中出现,如程序中的3种错误的调试、指针数组的应用等。第二部分:上述模拟考试试题以面向过程为主,附带部分较简单的面向对象试题,所以面向对象的部分知识点和技能点没有列入试卷中(与教学课时与教学要求相关)。

3.模拟考试试题中选择、判断等主要考核知识点;读程序、写程序主要考核技能点。某些题目涉及不止一个目标点,可根据"教学核心点"对指标进一步细化。

课程项目设计

一、课程项目设计题参考

1. 简单分数管理系统的设计与实现

[具体功能]

成绩录入

成绩显示

成绩删除

成绩排序

成绩查询

    按学号查询

    按姓名查询

成绩统计

    得到总分、平均分

    得到方差

成绩保存

成绩调入

[提示部分]

(1)班级每位学生的信息(如:学号、姓名、分数)用结构体类型 Score 表达,所有学生信息是结构体数组,如 Score scoreAll[40],也可使用指针数组,如 Score ＊pScoreAll[40]。

(2)文件保存使用文本文件结构更简单。

2. 档案管理系统的设计与实现

[具体功能]

信息录入

信息显示

信息查询

    按工号查询

    按姓名查询

    按单位查询

    按单位＋部门编号查询

信息排序

    按工号排序

    按姓名排序

    按单位排序

    按单位＋部门编号排序＊

  信息保存

  信息调入

  [提示部分]

  数据结构:每位职工的信息(如工号、姓名、年龄、电话、家庭住址、职业、单位、部门编号)用类型 Info 表达,所有信息是结构体数组,如 Info infoAll[1000]。

3. 实验学习系统的设计与实现

  [具体功能]

    根据菜单提示,选择某实验后,执行以下功能:

    运行本次实验程序

    显示本次实验代码

    分析本次实验核心

  [提示部分]

    将所有实验代码的主模块改为自定义模块,以备调用。

4. 简易通讯录系统的设计与实现

  [具体功能]

  输入功能、输出功能、查询功能(根据号码查、根据姓名查、模糊查询)、删除功能、保存功能、调入功能等。

  [提示部分]

  数据结构:每位职工的信息(如:编号,姓名,年龄,电话)用类型 Note 表达,所有信息是结构体数组,如 Note noteAll[100]。

5. 图书管理系统的设计与实现

  输入功能、输出功能、查询功能(根据号码查、根据姓名查、模糊查询)、删除功能、保存功能、调入功能等。

  [提示部分]

  数据结构:每本书的信息(如:编号,书名,作者,价格,出版社,ISBN)用类型 Book 表达,所有信息是结构体数组,如 Book bookAll[1000]。

6. 车票管理系统的设计与实现

  [具体功能]

  查询功能

    根据班次查询

    根据目的地查询

    根据起点查询

    查询余票

  买票

  退票

[提示部分]

车票信息(编号,班次,起点,终点,价格,里程,票数),用结构体 Ticket 表达,所有票信息存入文本文件,程序运行时,首先调入信息进入结构体数组,如 Ticket ticketAll[40]

7. 某课程成绩分析系统的设计与实现

[具体功能]

根据给定的一个数据文件(包括学号,姓名,笔记成绩,测验成绩,实验成绩,期末考试分成绩),得到平均分,最高分,最低分,方差,各分数段人数,优秀率,及格率等,写入文件。

[提示部分]

建立一个结构体数组保存从文本文件中调入的数据,再编写各模块处理。

8. 中英文翻译器的设计与实现

[具体功能]

调入词库

保存词库

修改词库

中-英翻译

英-中翻译

[提示部分]

数据结构:指针数组保存中文和英文,使用文本文件分别保存中文词库和英文词库,文件中每行一个单词或单词的注解。

9. 财务管理系统的设计与实现

[具体功能]

收入管理部分:

    收入输入

    收入显示

    收入查询:

        按输入类型查询

        按年、月查询

    统计分析:

        统计某年某月的收入总和

        统计某年收入总和

        统计所有的收入总和

    收入保存

    收入调入

支出管理部分:同支出

收支分析:

　　某个月的收入与支出分析

　　某年的收入与支出分析、

　　所有的收入与支出分析

[提示部分]

(1)收入信息(编号,收入类型,金额,年度,月份),用结构体 InCome 表达,所有收入信息用结构体数组表达,如 InCome inComeAll[40]。

(2)支出信息(编号,支出类型,金额,年度,月份),用结构体 OutCome 表达,所有支出信息用结构体数组表达,如 OutCome outComeAll[40]。

10. 分数管理系统的设计与实现

[具体功能]

学生部分(三项功能):登录、查询所有学生信息、查询本人分数;

教师部分(三项功能):登录、针对学生进行各种操作(录入、显示等)、修改教师密码。

[提示部分]

(1)编写一个较为完善的系统,一般都需要设计成三层结构,即界面、逻辑、数据。这三层设计好了,可以各自升级,便于物理和空间的发布。

本项目可参考教材中给定"学生成绩管理系统"的模型结构或类图结构,使用面向对象或用面向过程(根据课程学习内容而具体选择),以及分层设计思想。分层设计:窗口归属或类、业务归属或类、数据归属或类。

(2)本设计所需要的数据文件。

数据保存方式分三种:文本文件、二进制文件、数据库文件。推荐采用二进制文件,例如本项目,可包括以下 3 个文件:

TeacherInfo. dat——内容是教师姓名、教师密码、教师所在院校

StudentInfo. dat——内容是学生姓名、密码、家庭住址

Score. dat——内容是学生学号、学生姓名、课程号、学生分数

11. "归属" 学习系统的设计与实现

[具体功能]

列出教材中所有归属,选择某一归属后,呈现菜单选择:

查看清单结构

查看源码

查看归属的使用

返回

[提示部分]

(1)归属名单独放在一个文本文件中,读入归属名列表保存到指针数组中。

(2)根据选择的归属名,调入相应的清单文件或源码文件或归属使用文档。

12. 实验室管理系统的设计与实现

[具体功能]

建立功能

查询功能

      按楼层查找

      按专业查找

      按开设课程查找

      按管理员查找

      按空闲查找

查看课表

排课功能

修改功能

保存功能

调入功能

[提示部分]

建立结构体 Lab,尽量让结构更加丰富。某个字段中多个信息注意用特殊符号区分。

二、课程项目设计要求

1. 项目要求

(1)必须使用面向过程或面向对象的编程思想。

(2)体现多人合作的编程模式。

(3)设计模块要求能够正确归属,且程序代码不少于 800 行。

2. 报告格式和内容要求

(1)封面和摘要、关键词:封面包括系别、题目、班级、组员、学号等;摘要写要实现的主要目标、设计的关键思路,以及设计特色(不少于 200 字)。

(2)基本概念:C/C++语言的特点,以及相关重要知识点(不少于 600 字)。

(3)需求分析:解决为什么做(需求分析)和做什么(系统功能)两方面的问题,即做这个项目的意义、价值,以及所有要实现的功能(并以图形方式来反映)(不少于 300 字)。

(4)概要分析:指出本系统采用的数据结构和存储结构(通常是结构体数组,指出结构体定义方式;存储方式可分为文本文件和二进制文件,指出具体的文件名)(不少于 100 字)。

(5)界面设计:用专业绘图软件绘制,制作程序运行的多个界面,并辅助以文字的说明(不少于 200 字)。

(6)模型设计:用专业绘图软件绘制,并给出具体的合作方式(不少于 100 字)。

(7)模块设计:在分析中列出各功能模块的设计,要有设计思路和核心代码(不少于 1300 字)。

(8)运行测试:设计要输入的数据,并预计得到的结果,运行结果要反映这种预测的正确性(不少于 200 字)。

(9)项目总结:包括制作程序过程中的心得,项目设计过程中遇到的难点,以及这个项目还存在的问题及今后的改进(不少于 300 字)。

(10)课程心得:收获及建议,小组同学,每人写一份(不少于 500 字)。

(11)致谢:(不少于 100 字)。

(12)参考文献:列出本设计的参考资料(不少于 5 篇)。

(13)附录代码。

注:

(1)课程项目设计报告除"课程心得""致谢""参考文献""附录代码"外,其余部分合计应不少于 3300 字。

(2)范例可参考个人学习手册。